東京安全研究所・都市の安全と環境シリーズ 4

編著
高口洋人

著
山田一輝
前田拓生
筒井隆博
井上高秋
寺本英治

災害に強い建築物
レジリエンス力で評価する

早稲田大学出版部

はじめに

　レジリエンス（resilience）とは「復元力」あるいは「回復力」と訳される、危機を乗り越える「強靱性」のことです。建築物や都市が火災や地震、異常気象などの災害に直面した場合は、壊れないことも重要ですが、仮に壊れた場合においても、一刻も早く復旧して通常業務に復帰できることが重要となります。万全の備えをしたとしても、被害の発生確率をゼロにすることはできません。福島の原発事故ではまさにそのことが最悪の形で明らかになりました。

　被害が発生しないよう十分な対策をすると同時に、被害が発生した場合の準備も怠ってはなりません。対策の前提としてどのような想定がなされ、想定外の事態が発生したときにはどのような被害が発生するのかを想定し、コストも勘案しながらリスクを低減する努力が求められます。

　その際重要となるのが、建築物や都市のレジリエンス性能を把握することです。レジリエンス性能を把握することで現時点における脆弱性を理解し、どのような投資を行えば、脆弱性が改善されレジリエンス性能が改善されるのか把握することができます。また、レジリエンス性能を不動産取引情報として流通させることができれば、建物の購入者・入居者は自社のBCP（Business Continuity Plan）策定における重要な判断材料となり、経営判断の手助けとなります。

現時点において、不動産市場における建築物のレジリエンス性能の開示状況は極めて貧弱です。構造的な耐久性についてはエンジニアリング・レポートが建築物の売買時に作成されることもありますが、横並びで比較するには問題点も多く、作成される建物数も少ないのが現状です。また、設備的な側面については評価手法が定まっておらず、定性的な評価に留まっています。そのことは結果的に建築物のレジリエンスへの無関心にもつながっています。建築物のレジリエンス性能向上が、他の建築物との差別化につながり、賃料や空室率の改善につながらなければ投資する経営判断にはつながりません。結果として多くの建築物において、最低限の災害対応さえなされずに、質の悪い建築ストックが改善もされずに、そのまま存在し続けています。

　本書では、建築物のレジリエンスが置かれた状況を概述すると共に、建物所有者、入居者、投資家や金融機関といった建築物のステイクホルダーが使いやすい指標として、その評価手法の提案を行っています。また、レジリエンス性能の評価により可能となるリスク細分型の地震保険の普及など、建築物のレジリエンス性能の自律的な改善が進む社会制度像についても、併せて提案しました。良質な建築物が社会において正当に評価され、社会全体のレジリエンス性能が少しでも改善することに貢献できれば幸いです。

高口洋人

目次

はじめに …… 002

1章 建築物のレジリエンス

1-1	災害多発時代を生き抜くために	008
1-2	建築基準法は最低基準	011
1-3	首都直下地震の被害想定	012
1-4	東北・熊本での建築物の被害状況	016
1-5	日本の安全性のランキング	019
1-6	建築物のレジリエンス	024
コラム	リスク管理が苦手な言霊の国 日本	028

2章 地震保険によるリスク低減

2-1	保険というリスクヘッジの仕組み	032
2-2	日本の住宅向け地震保険	035
2-3	日本の企業向け地震保険	040
2-4	地震リスク評価モデル	045
2-5	地震保険の提供へ向けた課題	051
コラム	地震発生直後の危険度判定	054

3章 保険の仕組みから見た 建築物の評価

3-1	保険契約を理解するために —リスク選好と効用	058
3-2	リスク選好と効用（満足感）	058
3-3	地震保険の経済モデル	063

3-4	レジリエンス評価による地震保険の改善	072
3-5	まとめ	076
コラム	ミュンヘン再保険　訪問記	078

4章 建築物のレジリエンスを評価する

4-1	建築物のレジリエンスを評価する	082
4-2	建築構造のレジリエンス評価	085
4-3	建築設備のレジリエンス評価	087
4-4	ライフラインのレジリエンス評価手法	092
4-5	レジリエンス性能を分かりやすく表現する	094

5章 建築保全の評価・格付け

| 5-1 | さまざまな評価の方法と項目 | 102 |
| 5-2 | 建築保全の評価・格付けの開発 | 114 |

6章 レジリエンス評価の社会化

6-1	不動産市場における「市場の失敗」	130
6-2	レジリエンス評価を社会に組み込む	132
6-3	エビデンスにもとづくリスク情報の収集	134
6-4	レジリエンス性能が自律的に改善される社会を目指して	136
コラム	自動運転によるリスク低減と自動車保険	138

1章

建築物の
レジリエンス

1-1　災害多発時代を生き抜くために

　私たちは、自然災害のリスクがますます大きくなる時代を生きています。人口や産業の集中により、一度の自然災害による経済的損失は年々大きくなっています。カールスルーエ大学が公開している自然災害のデータベースCAT DATの報告によると（図1-1）、一定以上の経済的損失が発生した地震の回数は、100年前は年間40回程度だったのに対し、現在は年間80回程度、東日本大震災が発生した2011年は130回を越えました。

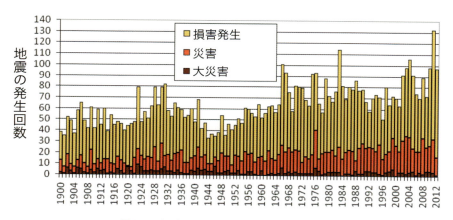

図1-1　経済的損失を発生させた地震の回数[1]

　CATDATは1900年から2015年までの自然災害による経済的損失の推移（図1-2）も発表していますが、1990年以降の増加には目を見張るものがあります。自然災害には、地震以外にも火山噴火や森林火災、異常気象による洪水や嵐なども含まれますが、これらも同様に増えています。これらは単に自然災害の原因となる自然現象の発生回数が増えたというだけでなく、人口の増加や都市化の進行により、自然現象が発生した場所に人がいる率も、その人数も増えているからです。国土に満遍なく人口や建物が分散していれば、巨大な自然災害に見舞われても、国全体から見れば被害は分散されて影響は限定的です。しかし、人口の10％以上も集中する大都市で巨大な自然災害が発生すれば、まさに国の存亡に関わります。

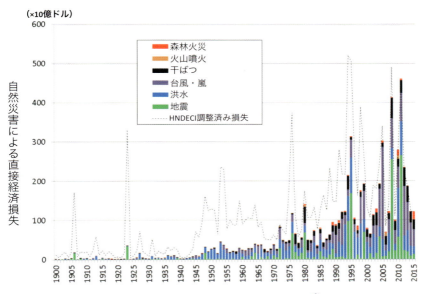

図1-2 各種自然災害による直接的経済損失[2]
(2015年物価調整金額)

　私たちはたまたま自然災害が少なかった時代に、不用意に都市化を進めてしまいました。本来であれば、新たなリスクに対して改めて国土構造を見直して機能の分散をはかり、災害に見舞われたときの国家機能や経済活動への被害をできるだけ低減し、速やかに回復できるようにすべきです。このような総合的な災害への抵抗力、被害を小さくとどめる能力をレジリエンス（resilience）と呼びます。「復元力」あるいは「回復力」、危機を乗り越える「強靱性」と呼ばれることもあります。つまり、レジリエンスの観点から見た総合的な対策を早急に実施すべきです。

　しかし、現実には東京への一極集中はますます進み、想定される被害の総量は大きくなるばかりです。いつ起きても不思議でない巨大地震のリスクを前に、身動きがとれなくなっています。

　首相が代表を務める国の中央防災会議は、次に起こる可能性が高いとされるマグニチュード7クラスの都区部直下の地震に対して、揺れによる全壊家屋数は17万5千棟あまり、下敷きによる死者は1万1千人にのぼると想定してい

1章　建築物のレジリエンス　　9

ます。さらに火事が発生した場合は、最大41万2千棟、下敷きによる死者と合わせ2万3千人が死亡するとしています。地震直後は発電供給能力が5割に低下し、大規模な停電が発生、その状態が1週間以上続くことも想定されています。また同様に、5割の利用者で断水、当然風呂にも入れず水洗トイレも使用できません。

　一方、高速道路や鉄道、行政機関の多くの建物はすでに耐震化が終了しており、被害は限定的と考えられています。しかし、民間のオフィスや工場、住宅などの対策は進んでおらず、資産価値の毀損による被害は47兆円にのぼり、関連して発生する生産やサービスの停滞による二次被害の48兆円と併せて、95兆円もの被害が発生すると考えられています。

　自然災害に耐え、危機を乗り越えられる国土構造のビジョンを掲げ、時間のかかる対策を一歩一歩着実に進めていくと共に、目の前にある建築のレジリエンス性能を高めることが重要です。レジリエンス性能は単に耐震性が高いだけでは不十分です。壊れないこと、壊れたとしても速やかに修理ができ復旧ができること、建物躯体だけでなく、給排水などの設備機器、電気や水道などのインフラストラクチャー、通勤のための手段、場合によっては室内に設置されている什器やOA機器、BCP（災害などの緊急事態が発生したときに、企業が損害を最小限に抑え、事業の復旧や継続を図るための計画）の策定状況や予行訓練などの実施状況なども含め総合的に判断する必要があります。しかし、建物躯体の耐震性については多くの研究があり、どれくらいの地震が起きればどれくらい壊れるか、といったことも分かるようになりました。地震が起きるたびに情報収集も行われています。しかし、躯体以外については甚だ不十分です。

　もう一つ大切なことは、我々自身が日々レジリエンスを意識し、レジリエンス性能の高い建物を選ぶことです。私は学生と食事をする時、古い建物のお店は選びません。避難ルートについても意識します。しかし、オフィスビルなどの事業用建築物では判断材料が非常に乏しいのが現状です。テナントとして入居する建物を探したとしても、築年数程度の情報は手に入りますが、耐震性、特に設備の耐震性については情報がありません。レジリエンス性能が建物選択の判断材料として提供されなければ、その差によって差別化もされませんから、建物オーナーとしてはそこに投資する意義を見いだせません。

レジリエンス性能に優れた建物が不動産市場で評価され、残りの建物も日々努力して性能を高めるようになるには、まずはその性能が適切に評価され、誰もが分かりやすい指標で提供される必要があります。不動産を実際に選ぶのは一般の人で、おそらく総務部長などの文系の方です。一般の人が理解できないようでは、普及は望めません。

この本では、そういったいくつかの条件を満足する建物のレジリエンス評価手法を紹介したいと思います。

1-2　建築基準法は最低基準

日本では、建物が地震に耐えられるよう耐震基準を設けて備えています。現在の耐震基準は、1981年に改正された「新耐震基準」と呼ばれるものをベースにしています。

多くの方が誤解していますが、この新耐震基準を満たしたからといって、必ずしも大地震に対してびくともしないというものではありません。新耐震基準は大規模地震（震度6強から震度7に達する程度）に見舞われた時、建物が倒壊して人命を奪わないことを目標としており（図1-3）、その範囲ではある程度建物が損傷を受けることは許容されています。したがって、耐震基準で想定した以上の地震に見舞われた場合には、建物が倒壊することも十分考えられますし、また、それ以下であっても大破・小破することは十分にあり得るわけです。耐震基準は人命を守るための最低限の耐震性を規定しているにすぎません。耐震基準は建築基準法という法律で規定されていますが、その他の部分、例えば防火性能についても同様です。繰り返しますが、建築基準法は日本における最低限の水準を示したもので、何事にも十分とはなりません。新耐震基準を満たした設計であったとしても、倒壊はしないまでもある程度損傷する可能性は残るわけで、相応の日々の対策は求められますし、建物の使い道によっては自発的な耐震性向上が求められます。また、どんなに耐震性を高めても、建物の損壊リスクをゼロにすることはできません（図1-4）。また、当初は高い耐震性であったとしても、地震で目に見えぬ損傷を受けて耐震性が低下してしまうということは十分にあり得るわけです。

1章　建築物のレジリエンス　　11

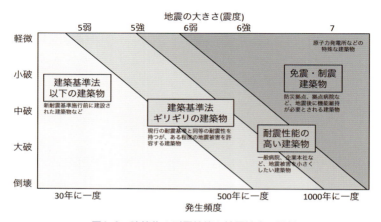

図1-3　建築物の耐震性能と地震被害の関係

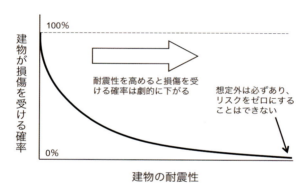

図1-4　建物の耐震性と損傷を受ける確率

　そういった観点からも、耐震性一本槍でレジリエンス性能を確保するのではなく、損傷を受けたとしてもそこから速やかに回復する能力との組み合わせで、高いレジリエンス性能を追求すべきです。

1-3　首都直下地震の被害想定

　中央防災会議で想定した首都直下地震は、2013年の時点で30年以内に70％の確率で発生すると考えられています。それからすでに6年が経過しており、

確率はさらに上がっているはずです。

過去に発生した阪神淡路大震災や東日本大震災、熊本地震の被害と予想される被害を比べてみると、その被害の大きさがよくわかります（表1-1）。阪神淡路大震災の10倍、東日本大震災の6倍もの被害が予想されています。地震被害は、①建物、電気やガス、水道などのインフラ施設が壊れる直接被害、②直接被害の結果起こる生産活動の停滞、労働力の減少、サプライチェーン寸断に伴う波及影響などの間接被害、さらに、③鉄道や道路が被害を受けることでビジネスの機会を喪失したり、余計な時間がかかったりする時間喪失、の3種類に分けられます。

表1-1 過去の地震被害データと首都直下地震の比較

	阪神淡路大震災	東日本大震災	熊本地震	首都直下地震
発生日	1995年1月7日	2011年3月11日	2016年4月16日	―
規模	M7.3	M9.0	M7.1	M7.0
経済被害	約10.0兆円	約17.0兆円	約4.6兆円	約95.0兆円
死者	6,402人	13,135人	49人	約23,000人
負傷者	43,792人	6,220人	1,684人	約140,000人
避難者	307,022人	386,739人	183,882人	約339,000人
建物全壊数	104,906棟	121,809棟	1,675棟	約610,000棟
特徴	木造住宅の密集地域での火災	津波による被害 原子力発電所事故	震度7以上の地震が2回発生	―

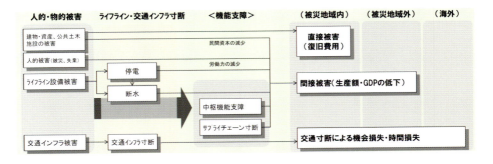

図1-5 首都直下地震により予想される経済被害[3]

1章 建築物のレジリエンス

首都直下地震による経済被害で最も大きいのは、建物被害とライフライン被害で、建物では揺れによる全壊が17万5千棟、液状化や火災による全壊も含めると、合計で61万棟に達すると考えられています。東京都区部ではほとんどの地域で震度6強以上の強い揺れが発生する可能性があり、老朽化が進んだ建物、耐震性の低い木造家屋を中心に倒壊し、多数の人的被害が発生すると予想しています。建物の倒壊で死傷者が増加するのみならず、発生した瓦礫が道路（避難経路）を塞ぐことで火災発生時の「逃げ惑い」を助長したり、緊急車両の到着を遅らせたりすることも予想されています。長期的には、道路の閉塞がその後の生活インフラや交通施設の復旧の妨げとなるとも考えられ、被災地域における人命や安全の確保に深刻な影響を与えると考えられています。

　内閣府の資料[4]では、各地で予想される震度と、震度別の被害の確率を示した被害関数が示されています。例えば、新宿区であれば震度6弱の揺れが予想されており、1980年以前に建てられた木造住宅では、概ね50％が全壊します。1962年以前の木造住宅の全壊する確率は70％にも達します（図1-6）。

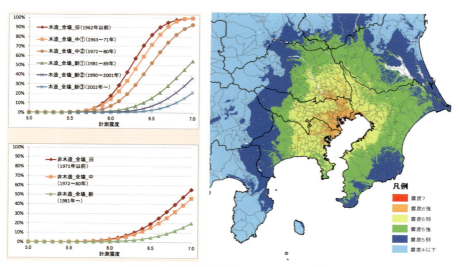

図1-6　首都直下地震における建物被害[4]

14

表1-2　ライフラインの被害想定

	電力	水道	都市ガス	通信	交通
目標復旧日数	6日	30日	55日	14日	
地震直後の状況	震度6弱以上の火力発電所がおおむね運転を停止する	管路や浄水場の被災により、揺れの強いエリアを中心に断水が発生する。	震源地直近に位置する製造所は運転停止可能性あり	大量アクセスにより90％規制が実施ほぼ通話不可	震度6強以上となるエリアでは、幅員5.5m未満の道路の5割以上が通行困難となる。
1日後の状況	1都3県で約5割の需要家が停電したままである	停電エリア非常用発電機の燃料切れとなる浄水場が発生し断水する需要家が増加	被害が無い地域に対しては低圧ガスの供給再開	電柱被害などによる通信障害はほとんど改善せず	災害対策基本法に基づく交通規制が実施
3日後の状況	〃	1都3県で約2～4割が断水	当該エリアの復旧作業を開始、順次供給が再開	1都3県で約5割の需要家が通話できない。	
1週間後の状況	〃		全国のガス事業者からの応援体制が整い復旧速度加速	〃	交通の状況に応じて、高速道路及び直轄国道などの主要路線の一部で交通規制が解除される
1ヶ月後の状況	停止した火力発電所の多くが運転再開する		（東京で約1割）の需要家で供給が停止したまま	停電がほぼ解消されるため、通話支障の多くが解消	高速道路は一般車両を含めて通行可能となる
更に厳しい被害様相	人員・燃料・運搬車・工事車不足により復旧が遅れる		職員の多数の被災や、高速道路などの交通インフラ寸断	交換機復旧に電力が必要。停電による通話支障が深刻	高速道路直下で大きな地盤変位が発生し、高速道路の高架に大変形が生じた場合などには、3か月以上通行不能となる。
防災・減災対策	施設・設備の耐震化、無電電柱化の推進		ポリエチレン管などの耐震性の高いガス導管への取替え		

　ライフラインの被害による影響も非常に大きいと予想されています（表1-2）。2005年にも被害想定が行われていますが、電力についてはその時よりさらに厳しい予測となっています。地震発生から1週間経っても、1都3県の停電率は約5割、23区でも約5割が停電していると考えられ、経済活動への影響は非常に大きいと考えられます。現在、多くの企業や地方自治体が最大3日間程度

の停電を想定し、非常用発電機の燃料を備蓄していますが、それでは不十分な可能性が高い。

　高速道路は比較的被害が少ないものの、一般道は沿道の住宅や建物の倒壊や火災、堤防決壊による浸水の影響により、震度6以上の地域で幅員5.5m未満の道路の5割以上が通行困難になると考えられています。

　東京の水道管路では、耐震性の低い接合部の継手が損傷することにより、被害が最も大きいと予想される「元禄型関東地震」5) が発生した場合、断水率は45.2％に達し、復旧に30日もかかるとされています。

　このような事態がこの30年以内に極めて高い確率で発生すると国は警告しているわけですが、あなたやあなたの学校、会社はどのような備えをしているでしょうか？

1-4　東北・熊本での建築物の被害状況

1　東北地方太平洋沖地震（2011年）

　2011年3月に発生した東北地方太平洋沖地震では、地震や津波によって121,809棟の建物が全壊しました。その経済被害は17兆円にのぼります。東日本大震災では、福島第一原子力発電所の事故や津波の被害に注目が集まりますが、地震そのものによる建物の被害も多かったことが特徴です。例えば、図1-7は地震によって層崩壊した鉄筋コンクリート造の大学校舎です。柱がせん断破壊しており、典型的な鉄筋コンクリート構造の被害です。建物の築年代では、1980年以前に建設された旧耐震基準の建物の被害が多く、耐震基準の見直しが有効に機能していることが確認され、適切な耐震補強や改修を実施した建物も被害が少なく、その有効性が確認されました。また、地盤構造による地震動の増幅が原因と考えられる被害や、杭基礎構造物の傾斜被害も多く発生し、立地による影響も確認されました。

図1-7　東日本大震災における大学校舎・受水槽の被害[6]

　電力への被害では、延べ460万件を超える停電が発生し、変圧器の機器損傷や施設の倒壊といった発電・変電施設に対する被害のほか、電線の切断や支持物の折損・傾斜などにより送電・配電設備に対する被害が広範囲に及びました。

　図1-8の各インフラの復旧率を見ると、復旧率が90％に達するのに電気は5日間、水道は22日、都市ガスに至っては1ヶ月以上かかっています。関東でも輪番停電が行われ、インフラにどっぷりと依存した生活の是非が問われました。

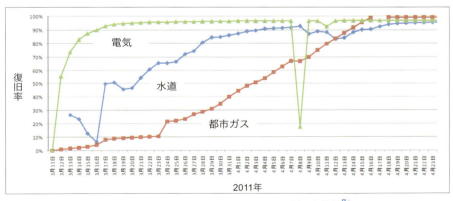

図1-8　東日本大震災におけるインフラ復旧率推移[7]

1章　建築物のレジリエンス　　17

2　熊本地震(2016年)

　2016年4月に発生した熊本地震では、1,675棟の建物が全壊しました。経済被害は4.8兆円に達します。熊本地震では震度7以上の地震が2回、ほぼ連続して発生した珍しい地震でした。1回目の前震には耐えて倒壊しなかった建物の中に、2回目の本震によって倒壊したものがあり、立ち戻った住人に多くの犠牲者がでました。熊本県益城町中心部での調査では、新耐震基準の建物でも1,042棟中80棟が倒壊[8]してしまいました。「新耐震基準は安全」という常識が通用しないと騒がれましたが、前震で耐震性が低下することは十分予測されたことであり、立ち戻りを止められなかった人災的側面が大きいのではないかと思います。

　耐震補強済みの建物も被害を受けました。益城町の庁舎では、耐震補強の外付けフレームの短スパン梁にせん断ひび割れが発生しました(図1-9)。南阿蘇村でも、耐震補強済みの大学施設で躯体にひびが入りました。倒壊には至りませんでしたが、復旧活動には大きな支障が出ました。

図1-9　熊本地震における市庁舎の被害写真

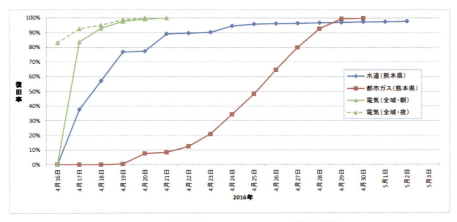

図1-10　熊本地震におけるインフラ復旧日数[9]

　あらゆる事態を想定し万全の準備をすることは、あまりにもコストがかかりすぎるばかりか、技術的にも不可能です。耐震補強をおこなった建物で一定の被害がでることは、本来確率的に予想される状態であり、そのような事態に対する準備を含め、総合的なレジリエンス対策が必要ということです。

　また、ライフラインは、電気と水道はそれぞれ1週間後にはほぼ復旧、都市ガスも2週間でほぼすべてが復旧しました。被災を受けた範囲が比較的限られ、周辺からの支援が大きかったとはいえ、復旧にはやはり1週間程度はかかったことになります。

1-5　日本の安全性のランキング

　このような日本の建築や諸都市が、実際にどのようなリスクに直面しているのか、いくつかの研究機関が研究し報告しています。特に海外の再保険会社（通常の顧客向けの保険事業は行わず、保険会社を相手とする保険事業を専門に行う会社）は、世界各国・都市の自然災害リスクの総合評価を行い、そのランク・順位付けをレポートとして発表しています。世界中の損害保険会社のリスクを引き受ける再保険会社として、潜在する世界のリスクについて高い注意を払っています。これらのレポートでは、日本、特に首都圏は最も自然災害リスク

が高い地域として頻繁に取り上げられます。表1-2に示すこれらのレポートでは、上位3位のうち1位もしくは2位に日本の首都圏がランキングされています。はたして首都圏はそれほど危険なのでしょうか。

表1-2　世界中の自然災害リスクを評価したレポート[10]~[13]

タイトル	発表機関	発表年	自然災害リスク順位
A natural hazard index for megacities	ミュンヘン再保険会社	2002	1/50（東京・横浜）
Mind the risk	スイス再保険会社	2013	1/660（東京・横浜）
Lloyd`s city risk index	ロイズ再保険組合	2014	2/301（東京）
World risk report	国際連合大学	2016	17/171（日本）

1　ミュンヘン再保険会社「大都市の自然災害指数」

Munich Re:Topics 2002,A natural hazard index for megacities[10]

　最も早く公表されたのが、ドイツのミュンヘンに拠点を置くミュンヘン再保険会社（Munich Re）が2003年に発表した「A natural hazard index for megacities（大都市の自然災害指標）」です。人口200万人以上で、経済的に影響の大きい世界の大都市50を自然災害指標という独自の指標でランキングしています。横浜を含んだ東京のリスクは断トツの1位。このレポートは政府関係者にも大きなインパクトを与え、防災関係の委員会や学会でも当時頻繁に引用されました。このレポートの自然災害指標は、［自然災害の発生確率］×［都市の脆弱性］×［暴露する資産価値］を各10点満点で掛け合わせたものです。東京・横浜の自然災害指標は710で、第2位であるサンフランシスコの167の4倍以上の大きさです。暴露する資産価値が掛けられていますので、当然という気もしますし、対象とするエリアも全く異なりますので、単純に並べて比較するのはフェアではないと思いますが、リスクを引き受ける損害保険会社としてはその総量が大切となるので、こういう指標を採用したのだと思います。

2　スイス再保険会社「自然災害の脅威に晒される 都市の世界ランキング」

Swiss Re:Mind the risk,People potentially affected – aglobal ranking[11]

　ミュンヘン再保険会社に続き、スイス再保険会社（Swiss Re）も、2013年に

「Mind the risk」で「People potentially affected – a global ranking（自然災害の脅威にさらされる都市のグローバルランキング）」を公表しました。世界616の大都市に住む17億人が直面する自然災害リスクを評価しています。ここでも東京・横浜は第1位。このランキングでは、リスクを物理的な資産の損失ではなく、被災人口と労働損失日数を基に評価しています。この方法だと人口密度が高く、人口も多い都市のランキングが高くなりますが、特に自然災害の発生確率が高いアジアの都市が上位にランキングされています。また、地震以外にも河川氾濫や高潮などの洪水も同列に評価しており、都市によって直面するリスクの性格が違うことが分かります。

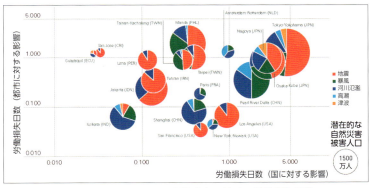

図1-11　都市・国ごとの自然災害に対する労働損失日数

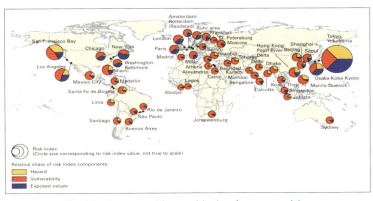

図1-12　A natural hazard index for megacities

1章　建築物のレジリエンス　21

3 ロイズ再保険組合「ロイズ都市リスク指標レポート」
Lloyd's:Lloyd's city risk index[12]

　損害保険の元祖といえばイギリスのロイズ保険組合（Lloyd's）ですが、ロイズも2014年に「Lloyd's city risk index（ロイズ都市リスク指標レポート）」を公表しています。世界301都市において、2015年から2025年までの10年間に発生すると想定される18種類の事故や自然災害による経済的損失額を評価しています。このレポートでは、そのリスクの大きさを「GDP@Risk（GDPリスク量）」と呼んでおり、［事故・自然災害の発生確率］×［発生した場合の損失額］で評価しています。2025年までに、自然災害などが東京に与える経済損失を1,532.8億ドル（約18.4兆円）としており、台北の1,812億ドルに次いで2位にランクしています。

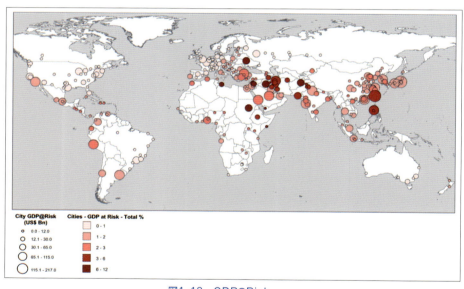

図1-13　GDP@Risk map

　ロイズは東京の経済損失について、自然災害リスクの影響が大きく、最も影響の大きい要因は暴風雨だとする一方で、市場暴落など人的災害にも警戒が必要だと指摘しています。

4 国際連合大学「ワールドリスクレポート」
United Nations University:World risk report[13]

　国連大学 (United Nations University) が2016年に発表した「World risk report」は、171カ国が直面する5種類の自然災害リスク (地震・台風・洪水・干ばつ・海面上昇) をWorld risk indexとして評価しています。都市ごとではなく、国ごとの評価になっています。日本の自然災害への暴露 (Exposure) を世界4位と評価する一方で、自然災害への対処能力 (Coping Capacities) も評価しており、総合的なリスクの大きさを世界17位と評価しています。上位は島国のバヌアツやトンガ、フィリピンとなっています。

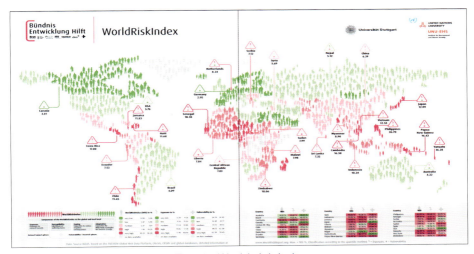

図1-14　World risk index

　指標では自然災害への暴露、自然災害への対処能力のほか、災害感受性 (Susceptibility)、将来リスクへの対応 (Adaptive Capacities) を統合した内容となっています。
　これらのリスク評価に共通するのは、建築物や都市の耐震性、強靱性の他に、その場所でどのような自然災害が想定されているのかという立地的な条件、そこでおこなわれている経済活動が評価されていることです。日本では立地において地理的な条件を考慮することがあまりないように思います。例

えば、東京より大阪のほうが地震リスクが少ないので大阪に本社を置く、というような話をあまり聞きません。本来であれば、東京に本社を置くリスクを算定し、ベネフィットの方が大きければ東京に本社を置くという判断をすべきです。グローバルな経済活動から見れば、どこに会社や工場を立地させるかは比較的自由に選べますので、そのようなリスクは当たり前に検討されます。しかし国内だけで見てみると、選択肢ではなく前提と考えられている場合が多く、立地のリスクが検討されることは少ないように思います。

建築物のレジリエンスを考える上でも、この3点に改めて注目し検討を進めていきたいと思います。

1-6　建築物のレジリエンス

改めて建築物のレジリエンスとはいったい何で、その性能をなぜ評価する必要があるのかを考えてみたいと思います。

レジリエンスは危機を乗り越える「強靱性」、災害の被害から一刻も早く通常の状態に戻れる「回復力」です。オフィスなどの事業用の建築物でいえば、自然災害に対して物理的な被害が発生せず、被害が発生したとしても速やかに復旧することができる能力です。自然災害が発生すると、停電などインフラが棄損したり、建物が損傷を受けたりして平常時に機能していた企業活動が一気に低下します。この低下した機能は、復旧努力により時間とともに徐々に回復し、元の平常時の水準までいずれ戻ります。この時、時間とともに変化する機能の変化を復旧曲線とすると、平常時の水準を復旧曲線で囲まれた面積が、被害の総量ということにつながります。この面積を小さくすることがレジリエンスを高めるということになります。そのためには2つのアプローチがあることがわかります。1つは災害発生時に受ける物理的なリスクを低減すること。2つ目は復旧曲線をぐっと左側に寄せて事業回復を早めることです。

物理的なリスクを低減するには、自然災害が起きる確率が小さい場所を立地として選んだり、免震や制振装置を導入して耐震性を高めたりすることが有効です。また、機能の維持という意味では、建物の耐震性だけではなく、設備の耐震性も極めて重要です。事業回復を高めるには、BCPなどの計画を立

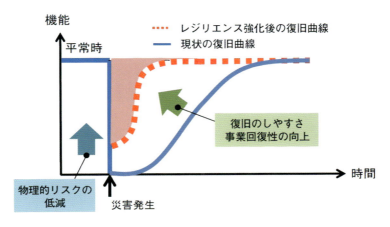

図1-15　建築物のレジリエンス

て訓練しておくことも重要でしょうし、地震保険などで経済的被害のリスクを抑制しておくことも有効です。従業員を近くに住まわせるといった対策も考えられます。

　どのような対策を実施するかは、まさに企業の経営判断であり、様々な選択肢があり得るわけですが、適切な選択肢を提供する意味からも、何をどのようにすればレジリエンスが強化されるのか、それはいったいどれくらいの強化なのか、何を優先的に行えば最も効果的なのか、を定量的に可視化していくことが大切です。

　ところが、建築物に関するこのようなリスク情報を我々が目にすることは、ほとんどありません。テナントビルなどの事業用建築物には、ビルオーナー、不動産仲介業者、テナント事業者が関係します。この中で最もレジリエンス性能に関心があるのは入居するテナント事業者のはずですが、内容が専門的で横並びで比較することが難しいため、実際のところ関心は高くありません。レジリエンス性能に関する情報を独占する形のビルオーナーからすれば、性能を高めるには当然コストがかかりますから、それが投資として回収できるものでなければやりません。つまり、高いレジリエンス性能のビルほど賃料が高いという不動産市場が形成されなければ、レジリエンス性能向上に対す

る支出は行われません。しかし、現実の不動産は優良なものだけではありません。し、建物の性能に関する情報を正確に把握していないビルオーナーも多くいます。また、レジリエンス性能の劣ったビルのオーナーは、自分の所有するビルが劣っていることが明らかになる情報を出したがらないものです。その結果、横並びに比較することができず、性能による賃料の差異はさほど大きくなりません。そうなると、ビルオーナーとしては、「法的に要求される最低限の性能を満足していればよい」という経営判断をすることになりがちです。

　不動産仲介業者は、宅地建物取引業法によって、敷地が土砂災害や津波の災害警戒区域内にある場合は、その旨を重要事項説明として説明しなければなりませんが、それ以上の情報について説明する必要はありません。テナント事業者からも求められず、法的根拠もない情報提供を不動産仲介業者がビルオーナーに求めることは通常なく、状況は膠着状態になります。

　この原因は、情報を握るビルオーナーにとって、積極的に情報公開に取り組むインセンティブが乏しいことにあります。むしろ情報を隠すことで、競争することもなく投資も抑制できるという側面さえあります。このような情報の偏在から市場競争が進まないことを「市場の失敗」といいますが、建築物のレジリエンスが置かれた状況も典型的な「市場の失敗」といえます。

　この状況を打ち破るには、情報の偏在を解消することが最も重要ですが、そのための社会制度の提案については最後の章で述べたいと思います。

26

参考文献

1) James Daniell, Armand Vervaeck：Damaging Earthquakes Database 2012 – The Year in Review, https://earthquake-report.com/2013/01/07/damaging-earthquakes-2012-database-report-the-year-in-review, 2013

2) James Daniell：Economic Cost 1900-2015：Flood, Earthquake and Storm have caused the highest losses, Press Release,2016

3) 内閣府：首都直下地震の被害想定項目及び手法の概要〜経済的被害〜, http://www.bousai.go.jp/jishin/syuto/taisaku_wg/pdf/syuto_wg_keizai.pdf, 2013.12

4) 内閣府：被害想定手法の概要〜人的・物的被害〜, http://www.bousai.go.jp/jishin/syuto/taisaku_wg/pdf/syuto_wg_butsuri.pdf, 2013.12

5) 内閣府：首都直下地震の被害想定と対策について（最終報告）, http://www.bousai.go.jp/jishin/syuto/taisaku_wg/pdf/syuto_wg_report.pdf, 2013.12

6) 井戸田秀樹：東日本大震災の建築物被害と東海・東南海地震対策について, http://www.taishin-chita.net/pdf/kenshu16-Idota.pdf, 2018.4

7) 土木学会：東日本大震災情報共有サイト，東日本大震災におけるライフライン復旧概況，能島暢呂, http://committees.jsce.or.jp/2011quake/system/files/110603-ver3.pdf, 2011.6

8) 第2回熊本地震における建築物被害の原因分析を行う委員会資料，益城町の悉皆調査に基づく構造別・建築時期別の建築物被害状況の集計, http://www.nilim.go.jp/lab/hbg/kumamotozisinniinnkai/20160630pdf/20160630siryou4.pdf,2016.6

9) 能島暢呂：平成28年（2016年）熊本地震におけるライフライン復旧概況（時系列編），土木学会地震工学委員会, 2016.5

10) Munich Re Group:Topics - annual review：natural catastorophes 2002,2003

11) Swiss Re:Mind the risk,2013

12) Lloyd's:Lloyd's City Risk Index,2014

13) United Nations University:World Risk Report,2016

コラム　column

リスク管理が苦手な言霊の国 日本

　結婚式での忌み言葉。別れるとか、割れるとか、壊れるとか、そういった言葉を使ってはいけない、というのを聞いたことはありませんか?

　結婚式の晴れやかな場所で、そういった言葉はふさわしくない、縁起が悪いということなのですが、では縁起が悪いとはどういうことなのでしょうか。

　縁起はそもそも仏教用語で、原因と結果、全ての物事は何かを原因とした結果であり、同時に将来の原因になるという考えです。縁起が悪いというのは、何か良くないことが起こりそうな様子、その原因となるようなことを言います。つまり忌み言葉を使うと、将来良くないことが起きそうな気がすると言っているのです。

　口から出た言葉は、発した人を離れてそのことを実現させようとする霊力をもつ。これを言霊(ことだま)と言います。日本人が古くから感じ持つ習慣、あるいは民族的な感性と言ってよいと思いますが、言霊は我々が思う以上に、生活に、そしてリスク管理に影響を与えています。

　言霊は一度声に出してしまったことは、何らかの形で実現してしまうと考える宗教です。そんなことは物理的にあり得ないのですが、宗教ですからしかたありません。そんな宗教は信じないと皆さん仰るかも知れませんが、こんな会話あり得ると思いませんか?

娘「いろいろと面倒なことが起きないように、お父さんが死んだ時のことを考えておきたいの」
息子「そうそう。だから親父が死んだときにどうして欲しいのか、教えてくれない?」

　こう言われたお父さんは、きっと不機嫌になってこう返すでしょう。

父「なんだおまえたち、そんなに俺に死んでほしいのか」

　あくまでも死んだ後のことを想定し、計画を考えているだけなのですが、死ぬと言うことを口にすると言霊が発動してそのことが実現する、つまり死ぬことを期待している、となるわけです。終活と

いうのは、本来相続する子供の問題なのですが、こういう話ができない日本では、人生を終えようとしている本人だけで自己完結する問題になってしまうのです。

この例はせいぜい親子の関係がぎくしゃくする程度の問題ですが、言霊は国の計画レベルでも働いています。

太平洋戦争中、「もし負けたら」というような議論ができなかったのはよく知られるところですし、最近では原発の問題でも同じだったことが分かりました。建設に携わる技術者からすれば、100％安全ということはあり得ず、リスクは必ずあるわけです。極論すれば、隕石や飛行機が墜落するというリスクもゼロではありません。しかし日本では、「事故が起きた場合は……」と仮定しての議論を始める、言霊が発動して「事故が起こる」「そんなことがあるのか？」となってしまって議論になりません。ですから、建設を実現するには嘘でも100％安全と言い切らざるを得ないわけです。技術者としてはそれは嘘になりますので、いろいろな条件をつけてその範囲では100％安全とするわけです。東日本大震災で「想定外」という

言葉が多用されましたが、そこを想定内にしてしまうと100％安全とは言い切れなくなってしまい、話が進まなくなるといった背景があったわけです。

しかし、これがどれほど危険なことかおわかりでしょうか？　100％安全なので避難計画は要らない、停電もしないのでその際の対策も考える必要がない、となってしまうわけです。

リスクに備える場合、まず必要なのはどのようなリスクがあるのかを把握することです。それはもしこういうことが起こったら、ということを徹底的に洗い出すことです。もし社屋が使えなくなったら、もし社長が死んだら、もし担当者が生死不明だったら……、と仮定であるにせよ、言霊の信者としては実にいやな作業です。ですから仮定、事態の読みが甘くなりがちです。そもそも日本人はそのような背景もあって、リスク管理が苦手なのだ、という自覚をまずもって、リスク管理に取り組むことが大切なのです。

1章　建築物のレジリエンス　　29

2章

地震保険による
リスク低減

2-1　保険というリスクヘッジの仕組み

　日々の暮らしは、さまざまなリスクと隣り合わせです。火事・台風・地震などの建物や動産に対して損害を及ぼすものの代表例として、自動車事故などの交通事故や、サイバー空間における情報漏えい・情報盗難・情報操作などの危険も存在します。

　ある行動に伴って（あるいは行動しないことによって）、これらの危険に遭う可能性や損をする可能性を意味する概念を、一般的に「リスク」と呼びます。さまざまなリスクに対応する手法（リスクヘッジの手法）には、大きく3つ種類があります。

〈リスクヘッジの3手法〉

自分自身でリスクを「保有」する （例：貯蓄することで、損害が発生しても弁済できるように備える）
リスクを「回避」する （例：自動車の運転を行わないことで、自動車事故を避ける）
リスクを第三者に「転嫁」する （例：損害保険を契約して、そのリスクを保険会社に肩代わりさせる）

　損害保険というリスクヘッジの手法は、「転嫁」の代表例です。契約者それぞれが等しく少しずつお金を出し合い、事故に遭ったときの損害を補償する仕組みです。例えば、10万人の集団があり、確率的にそのうちの10人にそれぞれ1億円の損害が発生する場合を考えてみましょう。この場合、損害額の総額は10億円に達しますが、1人あたり1万円を支払えば、その損害を補填することが可能となります（図2-1）。いつ、どこで、誰が事故に遭って損害を被るか分からない状況のなか、1人ひとりの負担が1万円で補償を受けることができるので、少ない負担で大きな安心を得ることができるといえます。貯蓄を十分に行うことで、リスクヘッジの3手法の1つである「保有」をとることができますが、事故はいつどこで起きるか予測がつかないため、事故が起きた時点で十分な貯蓄がなされているとは限りません。一方で、損害保険は契約したときから万一に備えた十分な補償を得ることができるものであり、少ない負担で大きな安心を得ることができる合理的な手段といえます（図2-2）。

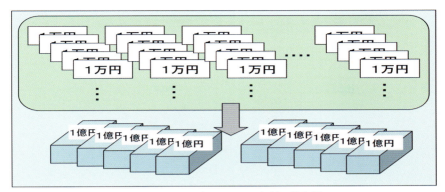

図2-1　損害保険はリスクの転嫁の代表例

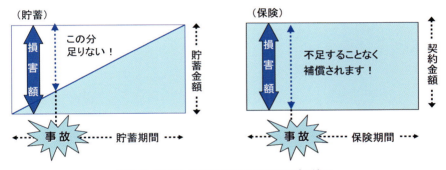

図2-2　貯蓄と保険によるリスクヘッジの違い

1　保険の仕組みの基本となる法則・原則

　将来発生する事故を正確に予測することはできませんが、その発生確率を推測することはできます。例えばサイコロを投げたとき、数回投げただけでは「1」から「6」までのそれぞれの目の出方は偏っている可能性もありますが、何十回、何百回、何千回と投げると、それぞれの目が出る確率は6分の1に近づいていきます。保険会社もこれと同様に、過去のデータを数多く蓄積し、それを分析することにより、事故の発生する確率を算出しています。これを「大数の法則」と呼びます（図2-3）。

データを蓄積することでより正確に確率を再現可能

振った回数	出た目	1が出る確率
1回目	2	0
2回目	1	1/2
3回目	3	1/3
4回目	4	1/4
5回目	5	1/5
6回目	3	1/6
7回目	1	2/7
8回目	4	2/8
9回目	2	2/9
10回目	5	2/10
…	…	…

[例：サイコロの1が出る確率]

振る回数が多くなれば、
1が出る確率は「1/6」に近づく

図2-3　大数の法則

　一方で、サイコロとは異なる点として、契約者によって事故の発生する確率が異なる点に注意が必要です。そのため、契約者間の公平性を保つには、その確率に応じた保険料を設定する必要があります。事故の発生確率が高い人は保険料が高くなり、発生確率が低い人は保険料が低く設定されます。これを「保険料負担の公平の原則」といいます（図2-4）。

事故の起きる確率が高い場合は高い保険料、確率が低い場合は低い保険料となる

[例：自動車保険]

[Aさん]
ドライバー歴3か月
通勤に使用
事故確率　高
→ 高

[Bさん]
免許取得後10年経過・事故なし
休日に使用
事故確率　低
→ 低

条件が同じ場合の保険料

図2-4　保険料負担の公平の原則

2 保険料の仕組み

損害保険の保険料は、純保険料と付加保険料の 2 種類から成り立っています（表2-1）。

表2-1　損害保険の保険料の内訳

①純保険料	事故の発生頻度や損害の額などの過去の大量のデータなどに基づき算出され、事故が発生した時に保険会社が支払う保険金の原資になるもの。
②付加保険料	保険会社が事業を運営するために必要な費用（社費）や損害保険代理店に支払う手数料（代理店手数料）、保険会社の利益（利潤）などの原資になるもの。

「純保険料」の総額と「保険金」の総額は等しくなる必要があり、これを「収支相等の原則」といいます。また、保険料は保険会社が引き受けるリスクの度合いに比例する必要があり、これを「給付・反対給付均等の原則」と呼んでいます。この保険料は、①契約者の利益を保護するために「高すぎず」、②保険会社の担保力を確保するために「低すぎず」、③契約者間の公平を確保するために「不当に差別的であってはならない」という3つの原則に基づき、各保険会社が独自に設定しています。

ただし、後述する「地震保険」など一部の保険については例外とされ、「損害保険料率算出団体に関する法律」に基づき運営されている損害保険料率算出機構が算定した料率を、各保険会社が使用しています。

2-2　日本の住宅向け地震保険

住宅の損害を補償する家計分野の「地震保険」は、被災者の生活の安定に寄与することを目的として、地震保険に関する法律に基づき運営される官民共同の保険制度です。1964年6月に発生した新潟地震をきっかけとして、1966年6月に誕生しました。

地震保険は家計向けであり、企業向けは後述する特約で対応しています。

2章　地震保険によるリスク低減　　35

1 地震保険とは

　地震保険は、地震、噴火またはこれらによる津波（以下「地震など」）を原因とする火災、損壊、埋没、流失によって建物や家財に対して生じた損害を補償する保険です。

　地震保険は、商品内容・保険料について保険会社間で差異はありません。地震保険は、その公共性の高さから「ノーロス・ノープロフィット（損得なし）」の原則が採用されています。契約者が支払った保険料は、保険契約の事務コストや保険金支払時の損害査定コストなど必要な経費を除き、利潤は取らずに将来発生する地震による保険金支払に備えて積み立てられています。

　地震保険は「被災者の生活の安定に寄与することを目的」とする保険であるため、保険の対象にすることができるものは、居住用建物（住居のみに使用される建物および併用住宅）および家財（生活用動産）に限定されている点が特徴です。

　したがって、店舗や事務所のみに使用されている建物や、営業用什器・備品や商品などの動産は、保険の対象とすることはできません。

（参考）地震保険に関する法律
第1条（目的）この法律は、保険会社等が負う地震保険責任を政府が再保険することにより、地震保険の普及を図り、もつて地震等による被災者の生活の安定に寄与することを目的とする。

　地震保険は、損害を実額で補償するタイプの保険ではない点が大きな特徴です。損害の程度に応じて4区分を設け、保険金を支払うこととしています（図2-5）。これは、地震保険制度の趣旨が「地震などによる被災者の生活の安定に寄与」する点にあることを、色濃く反映したものといえます。この支払方法を導入していることにより、大規模な地震災害の場合でも短期間に大量の損害調査を行い、迅速に保険金を支払うことが可能となっています。

	損害の程度			お支払いする保険金
	軸組・基礎・屋根・外壁等の損害額が	**建物**	**家財**	
全損	建物の時価額の **50%** 以上		家財全体の時価額の **80%以上**	地震保険金額の **100%** (時価額が限度)
	焼失・流失した部分の面積が			
	建物の延床面積の **70%** 以上			
大半損	軸組・基礎・屋根・外壁等の損害額が		家財全体の時価額の **60%** 以上 **80%** 未満	地震保険金額の **60%** (時価額の60%が限度)
	建物の時価額の **40%** 以上 **50%** 未満			
	焼失・流失した部分の面積が			
	建物の延床面積の **50%** 以上 **70%** 未満			
小半損	軸組・基礎・屋根・外壁等の損害額が		家財全体の時価額の **30%** 以上 **60%** 未満	地震保険金額の **30%** (時価額の30%が限度)
	建物の時価額の **20%** 以上 **40%** 未満			
	焼失・流失した部分の面積が			
	建物の延床面積の **20%** 以上 **50%** 未満			
一部損	軸組・基礎・屋根・外壁等の損害額が		家財全体の時価額の **10%** 以上 **30%** 未満	地震保険金額の **5%** (時価額の5%が限度)
	建物の時価額の **3%** 以上 **20%** 未満			
	全損・大小半損に至らない建物が			
	床上浸水または地盤面から45cmを超える浸水			

図2-5　被害区分の概要（2017年12月現在。2017年1月以降始期の契約に適用されるもの）[1]

2　地震保険の契約金額

　地震保険は単独では契約できず、火災保険に付帯（セット）して契約する必要があります。

　地震保険の契約金額（保険金額）は、火災保険の契約金額に対して、30〜50％の範囲内で設定します（ただし、建物は5,000万円、家財は1,000万円が上限）（表2-2）。すでに他の地震保険契約があって追加で契約する場合には、限度額から他の地震保険の契約金額の合計額を差し引いた残額が追加契約の限度額となる点に注意が必要です。

表2-2　住宅の地震保険の限度額

	火災保険の契約金額に対する割合	限度額
建物	30~50%	5,000万円
家財		1,000万円

3　保険料と割引制度

　保険料は、都道府県と建物の構造に基づいて、22区分の基本保険料が定められています（11×2＝22区分）（表2-3）。

表2-3　立地と建物構造による基本保険料の違い（東京都の耐火を「1」とした場合）

	耐火構造 （鉄筋コンクリート造・鉄骨造など）	非耐火構造 （木造造など）
岩手県・秋田県・山形県・栃木県・群馬県・富山県・石川県・福井県・長野県・滋賀県・鳥取県・島根県・岡山県・広島県・山口県・福岡県・佐賀県・長崎県・熊本県・鹿児島県	0.30	0.51
福島県	0.33	0.66
北海道・青森県・新潟県・岐阜県・京都府・兵庫県・奈良県	0.36	0.68
宮城県・山梨県・香川県・大分県・宮崎県・沖縄県	0.42	0.82
愛媛県	0.53	1.06
大阪府	0.59	1.06
茨城県	0.60	1.24
徳島県・高知県	0.60	1.42
埼玉県	0.69	1.24
愛知県・三重県・和歌山県	0.76	1.28
千葉県・東京都・神奈川県・静岡県	1.00	1.61

（2017年12月現在）

　それとは別に、住宅の免震・耐震性能に応じた4つの割引制度があります（表2-4）。所定の確認資料を提出することにより、割引の適用を受けることができます（ただし、重複適用はできません）。

表2-4　住宅の性能に応じた割引

割引名：割引率	内　容
免震建築物割引：50%	「住宅の品質確保の促進等に関する法律」（以下「品確法」といいます）に基づく免震建築物である場合
耐震等級割引 　耐震等級3：50% 　耐震等級2：30% 　耐震等級1：10%	「品確法」に基づく耐震等級（構造躯体の倒壊など防止）を有している場合
耐震診断割引：10%	地方公共団体などによる耐震診断または耐震改修の結果、改正建築基準法（1981年6月1日施行）における耐震基準を満たす場合
建築年割引：10%	1981年6月1日以降に新築された建物である場合

（2017年12月現在）

4　住宅性能評価書との関係

　住宅性能評価書は、「住宅の品質確保の促進等に関する法律」（2000年施行）に規定されている住宅性能表示制度に基づいて、国土交通大臣に登録された住宅性能評価機関より交付されるもので、住宅の性能を客観的な尺度（日本住宅性能表示基準）で評価し、住宅のレベルを評価書の形で表記したものです。

　具体的な評価事項は「構造の安定に関すること」「火災時の安全に関すること」などがあり、このうち「構造の安定に関すること」に係る事項で評価された建築物が、「免震建築物割引」または「耐震等級割引」の対象となっています。

2-3　日本の企業向け地震保険

　企業の物件に対しては、火災保険に付帯する「地震特約」（正式名称は、地震危険補償特約）で地震リスクに対する補償を提供しています。

1　家計向け地震保険との違い

　家計向けの「地震保険」は、その公共性の高さから政府がバックアップしており、後述する再保険市場の影響を受けずに安定的に補償が提供できる仕組みが構築されています。

　一方、企業向けの地震特約には政府のバックアップが存在しておらず、損害保険会社だけで補償を提供しています。ただし、地震のような大規模自然災害は、一度発生するとその地域一帯が被災するため、「大数の法則」を用いて損害の確率を評価して引き受ける、ということができません。損害保険会社では工学的な「リスク評価モデル」（本章2-4参照）などを活用して引受けを行っていますが、それでも、契約者の多くが同時に被災して保険金の支払が発生する事態を想定し、限定的な引受けにならざるを得なくなるのです。

　そのため、損害保険会社は自社の資本とあわせて、再保険などのリスクヘッジ手段を活用することで、引受枠を拡大しています。この「再」保険の購入価格（再保険料）が原価となるため、その価格の変動（再保険市場における再保険料の変動）によって地震特約の保険料も影響を受けるのです。この点は、地震保険と大きく異なる点です。

2　再保険とは

　自動車メーカーのリコール事故などに代表されるような通常想定しうるよりも高額の損害額が発生しうるリスクや、地震などのように1回の事故によって多くの保険契約で支払いが発生しうるリスクについては、損害保険会社は、主に海外の保険会社と契約を締結し、その一部のリスクを補完する（肩代わりさせる）ことが多いといえます。これを再保険契約と呼びます（図2-6）。

40

図2-6　再保険契約の仕組み

　その中で、地震などの自然災害に対する再保険の価格（再保険料）には、その地震の発生に対する理論上の純保険料に加えて、大数の法則がなじまないことによるリスクの不確実性を抑えるための加算保険料、再保険会社の諸経費や仲介人（ブローカー）の手数料なども上乗せされます（図2-7）。こうした再保険調達コストなども織り込んで保険料を設定する必要があることなどから、保険契約者が最終的に負担する地震特約の保険料は、住宅向け地震保険の保険料と比べて相対的に高めになりやすいといえます。

　再保険の購入には一定のコストがかかりますが、再保険契約の締結により損害保険会社の引受リスクの一部または全部を第三者である再保険会社に移転することで、より大きな地震の補償を保険契約者に提供できる方法といえます。

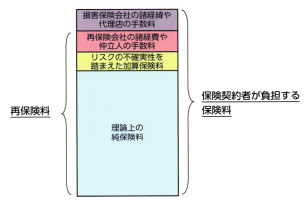

図2-7　保険契約者が負担する保険料と再保険料の関係

2章　地震保険によるリスク低減

一方で、損害保険会社は再保険契約に依存し過ぎるわけにはいかない点にも、留意が必要です。再保険会社は、世界各地の自然災害リスクをさまざまに組み合わせて引き受けることにより引受リスクを分散させ、保険の効用を確保しています。そのため、仮に日本で地震が発生していなくても、世界のどこかで自然災害などの大災害が発生して巨額の再保険金の支払いが行われると、再保険料率は急激に上昇する可能性があります。実際、再保険市場には「マーケットサイクル」といわれる価格変動の波があり、数年単位で数割から数倍という幅で価格の上昇と下落を繰り返しています（図2-8）。

図2-8　マーケットサイクル

　そのため、損害保険会社は再保険への依存を適切な範囲に抑えたうえで、再保険市場による価格変動の影響を抑えながら地震特約を販売しているのです。

3　受け取ることができる保険金

　地震特約は、地震保険と同じく、建物や収容動産などに対して、地震、噴火またはこれらによる津波（以下「地震など」）を原因とする火災、損壊、埋没、流失による損害を補償しています。
　一方で、保険金の支払方法は大きく異なっており、実損害額に基づいて算出されます。なお、縮小支払方式と支払限度額方式の2種類の方式があり、そのいずれかから選択して契約します（表2-5）。

表2-5　保険金の支払い方法

方式	概要	保険金の算出方法
①縮小支払方式	損害額の一定割合（縮小割合）をもってその支払額とする方式。	保険金＝（損害額－自己負担額）×縮小割合
②支払限度額方式	あらかじめ支払限度額および自己負担額を設定しておき、損害額から自己負担額を差し引いた額を支払限度額の範囲内で保険金が支払われる方式。	保険金＝損害額－自己負担額（ただし、支払限度額が限度）

縮小てん補方式と支払限度額方式の支払保険金の比較

［前提］　保険金額（保険価額）＝10億円
縮小支払方式：免責10万円
支払限度額方式：免責5,000万円

①縮小支払方式	②支払限度額方式
縮小てん補30％の場合	支払限度額3億円の場合

▨　＝　補償される部分　　□　＝　自己負担額

〈ケース1〉損害割合10％（損害額1億円の場合）

①縮小支払方式	②支払限度額方式
（1億円－10万円）×30％ ＝　2,997万円 ⇒　2,997万円	1億円－5,000万円 ＝　5,000万円〈3億円 ⇒　5,000万円

〈ケース2〉全損（損害額10億円の場合）

①縮小支払方式	②支払限度額方式
（10億円－10万円）×30％ ＝　2億9,997万円 ⇒　2億9,997万円	10億円－5,000万円 ＝　9億5,000万円〉3億円 ⇒　3億円

4　地震特約の保険料

　地震特約の保険料は、所在地、建物の構造、建築年、保険の対象物などの要素によって定められており、地震保険の保険料と割引制度における要素に近いといえます。家庭向けの地震保険は「損害保険料率算出機構」が算出する基準価格に従って保険料や補償を決める仕組みで、保険会社による差異はありませんが、企業向けは各社共通の基準価格がなく、各損害保険会社がそれぞれ独自に策定しています。各損害保険会社は、研究機関などと共同で工学的なリスク評価モデルなどを開発・研究し、そのモデルによる評価や再保険コストなどを踏まえて独自に保険料、補償を決めています。概要を表2-6に示します。

表2-6　企業向け地震特約の料金体系

	区分のポイント	区分の実例
所在地	〈地震危険〉 　地盤の硬さ、断層からの距離、液状化しやすい土地か否か 〈津波危険〉 　沿岸からの距離、標高 〈噴火危険〉 　近隣の火山の状況、地形 　（溶岩流、土石流などの危険の有無）	郵便番号に応じた948区分で料率格差を設定 （保険会社によっては都道府県単位のこともある）
建物	外壁や柱の構造	建物の構造と建築年により9区分程度で料率格差を設定 （構造については、鉄筋コンクリート造、鉄骨造、木造などに応じて2〜3区分、建築年については、1970年以前、1971年以降、1981年以降の3区分が一般的）
建築年	建築された時の建築基準法による区分	
保険の対象物		建物、建物内収容動産（地面などに固着される設備装置、固着されない商品や原材料など）、屋外の設備装置などの区分が一般的。

（2017年12月現在）

5　地震に伴う利益損失

　大地震発生の場合、建物などの財物に関する損害もさることながら、企業の収益に関する損害が重要な問題となります。地震特約では財物の損害のみの補償となるため、収益に対する対策も必要となります。損害保険会社のなかには、再保険会社と提携しながら、下記のようなスキームで地震の利益について保険商品を提供しているケースもあります。

損保ジャパン日本興亜が提供している保険商品の例

・対象となる震源域または震度計を指定し、一定の値以上の地震が発生した場合に補償。（例：マグニチュードの場合＝7.5以上、震度計の場合＝6弱以上）

・地震に伴って発生した利益の減少額や、利益減少を食い止めるために要した費用（仮店舗の賃貸費用など）を上限額まで補償。

・自社施設に損傷がない場合でも、取引先や、電気ガス水道などのライフライン、鉄道・道路の交通手段の遮断が発生したことにより休業損失が発生すれば、補償の対象となる。

・地震発生直後に仮払金を支払い、後日、実際の保険金の額との差額を精算する仕組み。

（2017年12月現在）

2-4　地震リスク評価モデル

　地震の頻度と損害の規模が世界随一といわれる日本では、損害保険会社が管理するリスクの中でも地震リスクの占める割合が、諸外国の保険会社と比較して高いといえます。大数の法則になじまない地震リスクは、工学的な手法によって計測していくことが、特に重要だと考えられています。

1　自然災害リスク評価モデル登場の歴史

　自然災害リスクの評価モデル（以下、リスク評価モデル）は、気象学、風工学、地震学、地質学、建築工学、流体力学などの広範な科学的知見に基づいたモデリング技術によりコンピューター上に設計・構築されています。リスク評

価モデルは、米国などで多くの自然災害に見舞われた1980年代後半から開発が盛んになりました。リスク評価モデルの登場により、それまで観測されていないような大きな規模の損害を含んだ被害想定を算出することが可能となり、これにより、リスク評価モデルは徐々に保険業界に浸透していきました。

　日本の地震リスクの評価モデルは、1995年の阪神淡路大震災をきっかけとして、原子力発電所のリスク評価技術などと組み合わされ、1990年代後半から登場しました。2011年の東日本大震災は、日本の地震学にも新たな知見を与え、文部科学省の地震調査研究推進本部による全国の地震危険度評価にも大きな影響を与えました。モデルにおいても、これまでカバーされていなかった津波リスクやマグニチュード9クラスの巨大地震の分析機能が加わっています（図2-9）。

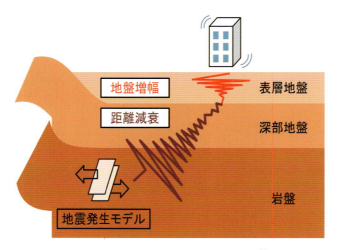

図2-9　地震リスク評価モデルの考え方[2]

　上記のように、リスク評価モデルは、巨大災害をきっかけとして、また近年のコンピューター性能の向上という後押しもあり、大きく発展してきました。保険会社においてリスク管理を行う上で重要な役割を果たしているのです。

2 地震リスク評価モデルの概要

　地震リスク評価モデルは、大きく分類すると以下の3モジュールで構成されており、各モジュール内において評価対象物の条件（住所、建物情報など）を踏まえた損害評価を可能にしています。

①ハザード評価モジュール

　地震リスク評価の出発点は、地震イベントのデータベースの構築です。各地震イベントは、震源位置、規模（マグニチュード）とその発生確率で構成され、日本全国で起こり得る全ての地震イベントを網羅するようにデータベース化されています。ハザード評価モジュールは、各地震イベントによる揺れの大きさ（最大加速度や震度など）や津波の強度（浸水深や流速）を推定し、地震の発生確率を付与することによって、確率論的なハザードを推定するモジュールです。地震は数十年から数千年の発生サイクルを持っており、各地震イベントに対して次の地震が発生するまでの切迫性を考慮して発生確率が付与されます。日本は、地震ハザードに関する調査研究が進んでいる地震先進国です。地震調査研究推進本部は、日本全国の断層調査や地震発生の切迫性の評価を行っています。また、防災科学技術研究所のJ-SHIS（地震ハザードステーション、http://www.j-shis.bosai.go.jp/）などは、その情報を踏まえた地震ハザードや断層情報などの非常に詳細な情報を公開しています。地震による揺れの強さは震源から遠方に伝播するに従い、弱まっていきます。また、地表面の地盤の軟らかさや地震の特性によって、揺れやすい地域や揺れにくい地域がでてきます。このように震源との距離や、地震、地盤の特性によって揺れ方はさまざまで、この揺れの大きさのばらつき（不確実性）を考慮することで、頑健なリスク評価結果を得ることができます。

②脆弱性評価モジュール

　脆弱性評価モジュールは、地震の揺れの強さと建物の被害の大きさ（被害額）の関係を評価するものであり、前述の①で推定された地震動ハザードに対して、対象物件にどの程度の損害が出るのかを推定するモジュールです。

　揺れの大きさと建物被害の大きさを評価する手法には、シミュレーション

や振動実験などの工学的アプローチによる手法や、過去の地震被害調査結果から震度と被害率の関係を統計的に評価する手法があります。

例えば、同じ震度6強の地震でも、木造建物と鉄筋コンクリート建物、新しい建物と古い建物、2階建て建物と30階建て建物では、被害の大きさは異なります。ほぼ無被害の建物から大きく損傷する建物まで、実際の建物の被害度合いはさまざまです。ここでも不確実性を考慮すると同時に、建物の情報をできる限り収集し、耐震性能の良し悪しに応じて脆弱性（被害の度合い）を評価することが「保険料負担の公平の原則」の観点からも重要です。脆弱性評価モジュールには地震の揺れに対する被害の他に、液状化、地震火災、津波による被害評価も含まれます（表2-7）。

表2-7　脆弱性評価で考慮される主な要素

要素	概要	
建物用途	商業物件と工業物件で大別される。工業物件に関しては、石油精製所、半導体工場などの業種ごとの要素も反映。	
建物構造	木造、鉄骨造、鉄筋コンクリート造、鉄骨鉄筋コンクリート造などの要素を反映。	
保険対象物	建物、動産及び利益（休業損失）の別にその影響を反映。	
建物建築年	建築基準法が変更されると設計基準が厳しくなり、以降の建物はそれ以前のものよりも耐震性が高くなることから、その要素を反映。	
階数	地震の揺れの特性によって、揺れやすい高さの建物、揺れにくい高さの建物があることから、階数による脆弱性の違いを反映。	
地域性	地震の危険度が高いところでは、より厳しい耐震性が求められるなど、地域による設計基準や施工慣習の違いを考慮。	

③フィナンシャルモジュール

フィナンシャルモジュールは、対象物件毎の保険条件を適用した上での損害額（保険金支払額）を推定するモジュールです。通常、保険実務では建物の被害額に対して、免責金額や保険金支払いの上限額を定めています。①、②でばらつきをもって評価された物件の被害額に対して保険条件を適用し、保険金支払額を計算するのがフィナンシャルモジュールです（図2-10）。

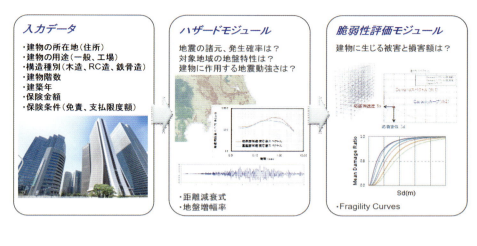

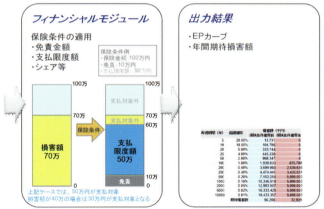

図2-10　地震リスク評価モデルの構造と算出フロー[2]

　例えば、ある地震の被害額の平均値が50万円で、実際には30万円から100万円のばらつきを持つ場合、平均値だけを考慮すると免責金額が70万円の物件の保険金支払いはゼロ円となり、保険会社のリスクを見誤ることになります。

2章　地震保険によるリスク低減　　49

3 モデル評価結果の概要

　地震リスク評価モデルから得られる出力結果の中でよく用いられるものに、「超過確率曲線」「年平均損失」「シナリオ損失」などがあります。

「超過確率曲線」と「年平均損失」は、全ての地震イベントデータベースを考慮した確率論的分析で計算されます（表2-8）。

表2-8　地震リスク評価モデルから得られる出力結果

超過確率曲線 （Exceedance Probability Curve、略して EPカーブ）	損失額とその損失額以上の損失が発生する確率（超過確率）との関係を表す曲線。超過確率の逆数をとったものを再現期間といい、再現期間と損失額の関係で表されることも多い。例えば、超過確率0.2%は再現期間500年に等しい。 （なお、「再現期間500年の地震動」とは、500年に1度起きる規模の地震動を意味する）
年平均損失 （年間期待損失、 Annual Average Loss、略して AAL）	確率論的分析の各イベントの損失額と発生確率を乗じたものを合計して求められる。価値や耐震性が不変と仮定した場合の非常に長い期間に発生する全ての損失を補てんするための年間保険料に等しいため、純保険料（Pure Premium）とも呼ばれる。

「シナリオ損失」は、主に500年をはじめとする特定の再現期間（超過確率の逆数をとったもの）の予想損失額や、特定の頻度で起きるシナリオの予想損失額を指します。損害保険会社ではPML（Probable Maximum Loss：予想最大損失）という言葉が使われることが多いです。現実的に起こり得る最大規模の地震という意味合いから、このシナリオ損失額が重用されています。なお、自然災害リスク評価モデルの出力結果全般に対して、この「シナリオ損失」が用いられることも多くあります。

4 モデルの利用例と社会のレジリエンスへの貢献

　地震リスク評価モデルの出力結果は、表2-9に挙げるような用途に使用されています。モデルの活用により精緻にリスクを評価しつつ、その他のリスク転嫁策を活用することで保険会社の引受余力を拡大することにつながり、社会のレジリエンス向上に貢献しています。

表2-9　地震リスク評価モデルの利用例

利用例	具体的な利用方法
地震リスクの保険料算出	確率論的分析から算出される年平均損失に基づく純保険料の算出と、不確実性を踏まえた加算保険料の算出に活用されている。
再保険の購入の仕方の参考	損害保険会社が再保険を購入する際に用いられる。想定されるレベルの巨大災害による損害に対して必要となる再保険の設計、およびその保険料が見合うのか、といった分析を行う際に活用されている。
リスク評価	保険引き受けの判断や集積管理などに用いられる。また、実際に発生した災害に対して分析を行うと、即時に保険金支払い額の推定ができる。
ポートフォリオの最適化	損害保険会社は、1つ1つの保険契約のリスクと収入保険料のバランス、契約全体への影響度を考慮して、利益率の高い契約を増やしたり、リスクの分散効果を生かしたりすることにより、ボラティリティ（損失の幅）やテールリスクを抑えながら、利益を最大化する。
資本管理	地震リスク評価モデルは、地震リスクを統一的な手法で計量化し、資本に見合ったリスクを保有することにより健全性を維持し収益性の向上をめざす中で、地震リスクの定量化に用いられる。ソルベンシー・マージン比率の算出や、損害保険会社に対する格付評価においても、その過程において活用されている。
商品開発への活用	地震デリバティブやリスクの証券化など企業のリスクヘッジに有効な新しい商品の開発をするために活用されている。

2-5　地震保険の提供へ向けた課題

　前述のとおり、損害保険業界では再保険の活用や地震リスクのモデル評価などの研究を進め、より広く企業に対して地震の補償を提供しています。しかしながら、今後さらに地震の補償を広く提供していくにあたっては、課題もいくつか残っています。

1　リスク評価モデルの限界

　リスク評価モデルでは、全てのリスクを完璧に予想することまではできません。下記のような課題があり、損害保険会社が「現在の限界点」を超えるべく、さらなる精緻化・高度化を目指して最大限努力することは当然ですが、

それでもなお限界の壁は存在します。

① 過去の観測期間に捉えきれなかったような事象に備えることが困難であり、また観測期間では捉えられていない環境変化が起きると、将来の予想損失を過少に評価する可能性があります。

② 自然災害リスクの評価モデルは、広範な科学的知見に基づき、コンピューター技術を用いて、近年大きく発展してきました。今後の更なる精緻化・高度化に向けて多くの課題が存在します（例えば、東日本大震災の震源域や津波被害については、震災以前は評価モデルに十分に反映されていませんでした）。

2　建物に関する情報の透明性の向上

リスク評価モデルの限界や課題を理解したうえでリスク評価モデルを活用する場合でも、保険の対象物に関する情報がそもそも正確でなければ、その結果は的確なものとはいえません。したがって、保険の対象物に関する情報の精度（透明性）を維持・向上させることも、重要な課題です。

特に、中古で建物を売買する場合や賃貸する場合などは、その建物が建築されてから現在に至るまでどのような使われ方をしてきているのか、耐震補強はされているのか、などの情報を保険契約者や保険会社が正確に把握することには限界があります。

これは、保険契約者にとっては保険料が不用意に高くなる可能性が発生すると共に、保険会社にとってもリスクが低い物件を「地震による危険度が高い物件」と評価してしまうことで、保険会社自身の引受余力を縮めてしまうことにもつながるのです。

そのため、建物に関する情報の透明性の向上が不可欠といえます。透明性を高め、建物の損害実例が収集されていくことにより、良質な建物には保険料が安くなる可能性が出てくるのです。

参考文献

1) 損保ジャパン日本興亜株式会社公式ウェブサイト
2) SOMPO リスケアマネジメント株式会社提供

コラム　　　c　o　l　u　m　n

地震発生直後の危険度判定

　大きな地震が発生すると、建物の耐震性は不可逆的に劣化してしまいます。大きな揺れによって、柱と梁をつなぐ継手や仕口、基礎と土台をつなぐ金物が緩んでしまい、倒壊はしていなくても見えないところでこのような変化が発生し、次の地震で大きな損害を受けるリスクが高まります。

　2016年の熊本地震では、震度7を超える大きな地震が連続して発生しました。1度目の地震には耐えたものの、2度目の地震で倒壊してしまった建物が数多くありました。1度目の地震では家の倒壊を免れ、無事に逃げ出した住民がもう大丈夫と思って自宅内に戻ったところ、2度目の地震が起きて、建物の下敷きとなって犠牲となりました。大きな地震で強く揺れた建物の安全性の確認は、人命に関わる非常に重要な問題なのです。

「応急危険度判定」は、被災建物がさらに壊れて2次災害を起こす危険性があるかを応急的に判断する仕組みです。日本では講習を受けた建築士などの専門家がボランティアで対応しています。応急危険度判定では、倒壊の可能性だけでなく、天井板や天井裏の設備の落下の可能性などを確認し、応急的に判定を出します。

　応急危険度判定の判定結果は「調査済」「要注意」「危険」の3種類で表されます。それぞれ緑、黄、赤の紙となっており、建築物の入り口付近などの見やすい場所に掲示されます。判定は都道府県の講習を受け「応急危険度判定士」に認定された民間の建築士によってなされます。災害発生時には近隣の応急危険度判定士に招集がかかり、活動する仕組みとなっています。

　なお、応急危険度判定は、長期的視点での利用継続の可能性を判断するものではありません。あくまでもさらなる余震、地震によって人命が失われる危険を排除するための暫定的な緊急措置です。

　国や都道府県は、被災者の生活再建を支援するため、義援金や支援金、税金の減免措置などさまざまな対策を講じます。その土台となるのが、どの程度の被害を受けたのかという罹災証明で、そのためには「被害認定調査」を受けなければなりません。この調査は

応急危険度判定で危険と判定された住宅
擁壁や法面、宅地全体の危険度判定である「被災宅地危険度判定」でも要注意と判定されている。

被災地の市町村職員によって行われます。この調査により「全壊」「大規模半壊」「半壊」「一部損壊」といった被害の程度が判定され、支援金などの目安とされています。このように「被害認定調査」は金銭的問題が絡むため、できるだけ丁寧に行うことがうたわれていますが、被災地のほぼ全建物を調査する必要があるため、外から目視するだけの場合も多いようです。

応急危険度判定で危険と判断された建物が、被害認定調査では全壊と判断されることもあります。被害認定調査では再調査の申請も可能であるため、納得のいく認定になるまでに長い時間がかかる場合もあるようです。また、地震保険に加入している建物は、保険会社が被害状況を調べることになりますが、これもまた別の調査となります。

1995年の兵庫県南部地震から本格的に応急危険度判定が行われるようになりました。それ以降、大きな地震が発生するたびに応急危険度判定が行われ、現時点でその合計実施回数は22回となっています。2016年の熊本地震では、地震発生の翌日から約1ヶ月半をかけて応急危険度判定が行われました。この期間に、県内外から総勢6,819名の応急危険度判定士が参加し、合計で約5万7千棟の住宅の応急危険度判定を行いました。このうち「調査済」と判定された建築物は約2万3千棟、「要注意」は約1万9千棟、「危険」は約1万5千棟でした。

これらの調査は被災者の安全を保証し、生活再建を支援するためとはいえ、現実的には被災者の大きな負担ともなっています。また、今後の安全対策を考えるためにも、どのような建築がどの程度被害を受けたのか、どのような対策がどの程度役に立ったのかなど、被害に関するより緻密な情報収集が求められています。今後はこのような調査のあり方も含め、被災者の負担軽減を考えていく必要があるでしょう。

3章

保険の仕組みから見た
建築物の評価

3-1 保険契約を理解するために──リスク選好と効用

2章でも紹介があったように、地震多発地帯の日本では現状、単独で採算可能な地震保険を設定するのは難しい面があります。ここでは理論的考察から、建築物のレジリエンス評価が可能であれば、地震保険契約も成り立ち、保険契約を通じてレジリエンス評価の高い建物の割合を高めることもできることを示したいと思います。

まず、経済モデルを用いて、地震保険契約を簡単に考察した上で、建築物のレジリエンス評価を組み込んだ地震保険の普及が、レジリエンス評価の高い建築物の増加につながることを示します。

やや専門的になってしまいますが、保険契約の経済モデルを理解するためには、リスクの捉え方とそれに伴う満足感（保険契約者における効用水準の変化）について理解する必要があります。その後、地震保険の仕組みについて経済モデルを用いて紹介します。最後に地震保険の問題点を示すとともに、その解決策について考察したいと思います。その際、建築物のレジリエンス評価によって当該建物の耐震性能の下限域を損害保険会社が認識することが可能であると仮定した場合、地震保険契約の際に建築物のレジリエンス評価を組み込むことで、レジリエンス評価の高い建築物の割合が高まることを示したいと思います。

3-2 リスク選好と効用（満足感）

ここにコインを投げて表か裏かで賞金を獲得できる2種類のゲームがあるとします。1つ（以下、Xゲーム）は表が出た時には2000円を獲得できるものの、裏が出た時には何も獲得できない（つまり、0円となる）ゲームです。もう1つ（以下、Yゲーム）は表が出た時には1500円、裏が出た時には500円が獲得できるゲームです。コインの裏表は同じ確率で出るものとします。両ゲームで期待される収益（リターン）はともに1000円になります。

しかし、Xゲームはリターン1000円を中心にしてさらにプラス1000円からマイナス1000円までの変動があり、Yゲームについてはリターン1000円を中

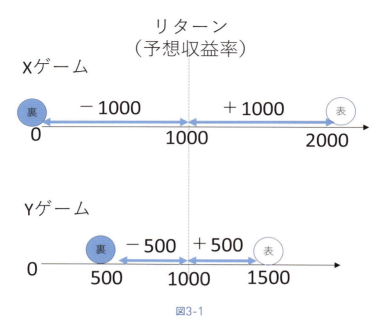

図3-1

心にプラス500円からマイナス500円までの変動幅が存在します。ここでリターンを中心とした変動の幅のことを「リスク」と定義した場合、幅が大きい時を「高リスク」、幅が小さい時を「低リスク」ということができます。つまり、上記のゲームはリターンが同じなので、Xゲームが高リスク・ゲーム、Yゲームが低リスク・ゲームとなります (図3-1参照)。

リターンが同水準で、高リスク・ゲームと低リスク・ゲームが存在する場合、前者を後者よりも好むことを「リスク愛好的 (risk-loving)」といい、逆に後者を前者より好むことを「リスク回避的 (risk-averse)」と言います。また、これらのゲームのようにリスクの程度が変化しても効用水準が変化しないことを「リスク中立的 (risk-neutral)」と言います。

3章 保険の仕組みから見た建築物の評価

【用語解説】リターンとリスク

「リターン」とは将来得られる平均的な利益（または、利益率）を指します。他方、「リスク」はリターンを中心とした変動の幅のことを指します。

ここで縦軸にリターンを、横軸にリスクを取ったグラフを描きます（図3-2）。

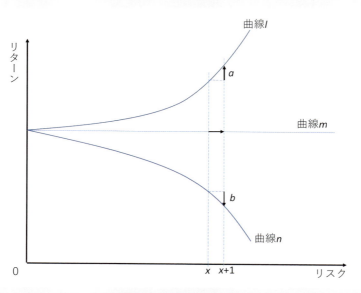

図3-2　リスクとリターン

曲線 l 及び曲線 m、曲線 n はそれぞれリスクとリターンに関する効用が異なる主体の無差別曲線です（したがって、主体が異なるので交わっているだけであり、主体が同じであれば、無差別曲線は決して交わりません）。ここでリスクが X から $X+1$ と1単位増えた時、曲線 l ではリターンが a 単位増加しますが、曲線 m ではリターンは変化せず、曲線 n ではリターンが b 単位減少することになります。曲線 l のようにリスクの増加に伴ってリターンが増加するような主体のことを「リスク回避的な主体」と呼びます。リスクの増加に対しては、それを補うようにリターンが増加すべきだと考える主体であり、一般に「個人」の投資家はこのような性格を持っていると想定されています。他方、曲線 m のようにリスクが増加しても、リターンは

変わらない主体のことを「リスク中立的な主体」と呼びます。一般に「企業」はこのような性格を持っていると想定されています。そして、曲線 n のようにリスクの増加に伴ってリターンが減少するような主体のことを「リスク愛好的な主体」と呼びます。同一リターンであればリスクがより高いものを好む主体であり、ギャンブラー（投機家）はこのような性格を持っていると想定されています。

　なお、リスク回避的な主体（曲線 l）は、リターンが高い（上方）ほど、また、リスクが低い（左方）ほど効用水準が高くなるので、より左上にある無差別曲線ほど効用水準が高いものとなります。反対に、リスク愛好的な主体（曲線 n）はリスクが高い（右方）ほど効用水準が高くなるので、より右上にある無差別曲線ほど効用水準が高いものとなります。また、リスク中立的な主体（曲線 m）は、リターンが高い（上方）ほど効用が高くなるので、より上方にある無差別曲線ほど効用水準が高いものとなります。

　なお、経済学的な「不確実性とリスク」「リスクに対する態度」については伊藤（2003）[1]の pp.392 – 396 が詳しいので、そちらもぜひ参照してみてください。

　ここで経済モデルを考える場合、通常、個人、家計などはリスク回避的、企業などはリスク中立的であると仮定します。ここでもゲームに参加する個人はリスク回避的であるとし、リスクが低いほど効用水準（満足感）が高くなるとします。この関係を示したものが図3-3です。縦軸に効用水準（U（○○）は「○○」の賞金を獲得した時の満足感を示します）を、横軸に賞金額をとり、このゲームの効用水準を示しています。

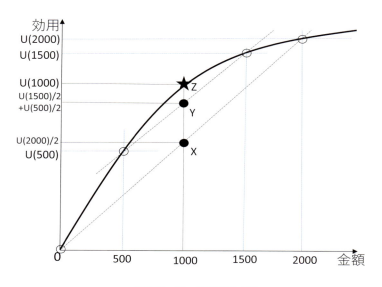

図3-3　ゲームの効用水準

　Xゲームは表が出た時には2000円を獲得できるものの、裏が出た時には何も獲得できないゲームです。裏表の生起確率は同じですから、リターンは1000円となります。1000円時点の効用水準が$U(2000)/2$であることから、このゲームの効用は点Xとなります。他方、Yゲームは表が出た時には1500円、裏が出た時には500円が獲得できるゲームですから、リターンはXゲームと同じ1000円となります。しかし、その時の効用水準は$U(1500)/2+U(500)/2$となるので、このゲームの効用点Yは点Xよりも上方に位置することになります。もしコインの裏表に関係なく、確実に1000円を獲得できるゲーム（つまり、無リスク・ゲーム）が存在したとすると、その時の効用水準は点Yよりもさらに上方に位置し、点Z（$U(1000)$）となります。

　このようにリスク回避的な人の効用は収入（ここでは賞金）が増えるほど高くなりますが、収入の増加に比例するわけではありません。つまり、図3-3の太線の曲線のように、原点からの収入の増加は効用水準を大きく上昇させるものの、その後の収入の増加による効用水準の上昇は徐々に緩やかなものになります。これを「逓減する」といいます[2]。

3-3 地震保険の経済モデル

　今、リスク回避的な個人が、X_1の資産（建物の資産価値）を保有していたとします。そこに、π（$0 < \pi < 1$）の確率で地震が起こり、（地震の被害によって）資産がX_2に減ってしまうとします。この時、当該個人は地震が起きない確率（$1-\pi$）の下でX_1の資産を保有し、その時の効用水準は$U(X_1)$となります。他方、地震が起きる確率（π）の下ではX_2の資産を保有することになり、その時の効用水準は$U(X_2)$となります。つまり、当該個人の効用水準Uは、地震が起きない場合と起きた場合の効用水準を足し合わせたものになるので、式（1）で表せることになります（図3-4のAの状態）。

$$U = (1-\pi)\cdot U(X_1) + \pi \cdot U(X_2) \qquad (1)$$

　ここで効用水準Uが最大になるのは、図3-3のZ点となりますので、$X_1 = X_2$の時ということ、つまり被害を受けない時になります。しかし、実際は地震によって損害が生じるので$X_1 > X_2$となりますが、地震が起こる前に地震保険などに加入したとすると、当該保険に対して保険料が生じるためX_1は小さくなります。他方X_2は、地震が起きても保険でカバーされることからが大きくなります。したがって、保険料などをうまく設定すれば、$X_1 = X_2$が実現でき、その時、効用水準Uが最大化することができます。

　仮に保険料としてΔX_1を支出すると、X_1はX'_1まで減少し、効用水準はΔUだけ低下します。効用水準を当初の効用水準Uに留めるためには、保険金としてΔX_2の収入を得て、X_2をX'_2まで増加させることが必要となります（図3-4のBの状態）。

　ここで効用水準Uの水準を維持するX_1とX_2の組み合わせの曲線を無差別曲線と呼びます（図3-5）。

3章　保険の仕組みから見た建築物の評価　　6₃

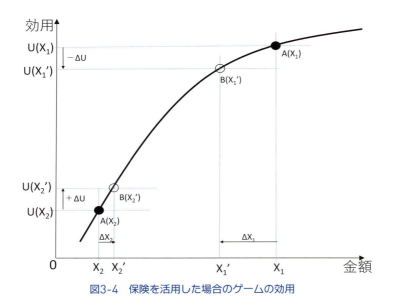

図3-4　保険を活用した場合のゲームの効用

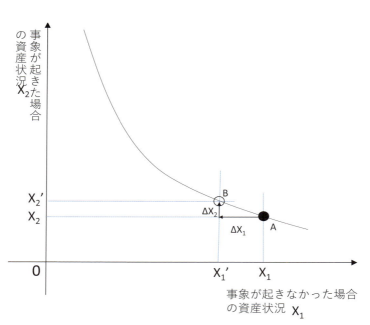

図3-5　無差別曲線

【用語解説】無差別曲線とは

　ミカンを所有している人（A）とリンゴを所有している人（B）がいたとします。Aはミカンを所有しているが、リンゴを所有していないので、ミカンをBに譲渡することでBからリンゴ1つを譲渡されるものとします。その際、Aが譲渡してもよいと考えるミカンの個数が5つだったとしましょう（①）。その後、さらにAがミカンをBに譲渡することで、Bから追加でリンゴ1つを譲渡されるとします。その際、Aが譲渡してもよいと考えるミカンの個数は5つよりも少ないはずだと想定されます。AはBから既にリンゴを1つ譲渡されているので、追加でもう1つリンゴを譲渡されるとしても、5つよりも少ない（たとえば、4つ）しか譲渡したくないはずです（②）。

　リンゴを所有していない（①）時にリンゴを譲渡してくれれば、リンゴを所有できる満足度（効用）は相当程度高くなりますが、既にリンゴを所有している（②）時には、リンゴを所有していない①の場合に比べて、リンゴを所有できる満足度（効用）は低くなって当然だからです。言い換えれば、①の時のミカン5つとリンゴ1つの交換におけるAの効用水準と、②の時のミカン4つとリンゴ1つの交換におけるAの効用水準は等しいことになります。このように「効用水準が等しい」ことを「無差別」というので、①と②の効用水準は「無差別」となります。

　縦軸にミカンを、横軸にリンゴを、それぞれ取ったグラフを描いてみます（図3-6）。当初Aはミカンを20個所有し、リンゴは所有していない状態です（点 X）。ここでミカンを5つ手放すことで、リンゴを1つ獲得した時の状態が点 Y です。この場合、点 X も点 Y もAにとっては同じ満足度、つまり、同じ効用水準にあることに注意してください。したがって、曲線 l は、Aのミカンとリンゴの所有において、効用水準が同じものをつないだ曲線ということになり、一般に「無差別曲線」と言われています。

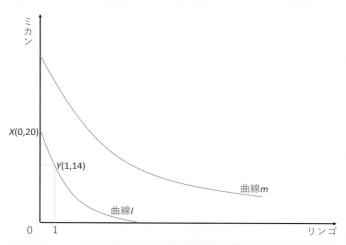

図3-6　リンゴとミカンの無差別曲線

　他方、曲線mは当初Aが所有しているミカンの個数が40個だった場合の曲線です。したがって、Aにとっては曲線lに比べて、曲線m上の状態の方が、ミカンもリンゴも多く所有することになるので、効用水準は高くなります。加えて、曲線mはAがリンゴ1つを獲得するのに失ってもよいと考えるミカンの数は、曲線lと同じになるはずなので、曲線lと曲線mは交わることがないことに注意してください。

　以上から、無差別曲線においては、①原点Oからより右上方にある曲線ほど効用水準が高い無差別曲線を示し、②無差別曲線同士は決して交わることがないという2つの性格が存在することになります。

　なお、図3-6はAにおける無差別曲線であり、Bにとっての無差別曲線とは異なることになります。なぜなら、Aが考えるミカンとリンゴの交換比率は、Bが考える交換比率とは同一でないことが普通だからです。

　なお、(1) 式より、(2) 式の関係が成り立ちます。

$$\Delta U = (1-\pi) \cdot \Delta U(X_1) \Delta X_1 + \pi \cdot \Delta U(X_2) \Delta X_2 \quad (2)$$

ここで保険契約を結ばなかった場合（図3-7のAの状況）、地震が起きなかった時の資産状況はWとなり、地震が起きた時にはDの損害を被る（ので、その時の資産状況は$W-D$）ことになります。他方、保険契約を結ぶ（図3-7のBの状況）と、保険金zを受け取るために必要な保険料率をqとすると、保険料はqzとなるので、地震が起きなかった時の資産状況（つまり、X_1）は$W-qz$となり、地震が起きた時の資産状況（つまり、X_2）は$W-D+z-qz$となります。

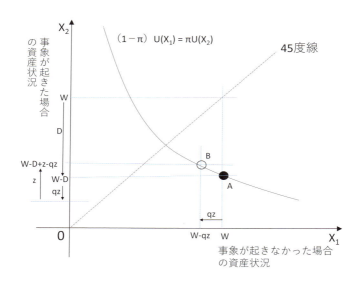

図3-7

以上のような関係から、次が成り立ちます。

$$X_1 = W - qz \quad (3)$$
$$X_2 = W - D + z - qz \quad (4)$$

(3)式及び(4)式を(1)式に代入すると、(5)式が得られます。

$$U = (1-\pi) \cdot U(W - qz) + \pi \cdot U(W - D + z - qz) \quad (5)$$

ここで (1) 式より、保険契約者の効用が最大となるのは $X_1 (= W - qz)$ と $X_2 (= W - D + z - q)$ が等しくなる時なので、その時は $D = Z$ となります。つまり、地震による損害と等しい保険金が支払われる時に、保険契約者の効用が最大となります。この時、無差別曲線は45度線と交差することになります。この交わるところで契約が結ばれれば、保険契約者の効用が最大となります。

　他方、保険会社はリスク中立的なので、(3) 式及び (4) 式の制約下で保険料率を決定し、保険契約者の無差別曲線と接するところで保険契約が結ばれます。

　ここで (3) 式及び (4) 式の z を消去すると、以下のようになります。

$$X_2 - (W - D) = -\frac{1-q}{q}(X_1 - W) \quad (6)$$

　(6) 式からわかるように、この直線は傾きが $-\dfrac{1-q}{q}$ で、点 β （W、$W - D$）を通ることになります。ここで点 β は保険契約を結ぶ前（図3-7のA）の状況を意味します。

　以上のような関係をグラフにまとめたものが図3-8です。直線 m_1 から直線 m_3 は、保険料率 q の違いが異なる傾きとして表現されています。

　直線 m_1 は地震による損害確率よりも保険料率を高く見積もった（つまり、$q > \pi$）場合の直線です。直線 m_1 と接する無差別曲線が、保険契約を結ぶ前の状況である点 β よりも上方に位置していることから、直線 m_1 で表現される保険に加入することで保険契約者は効用を高めることができます。しかし、保険会社は、地震による損害確率よりも保険料率を高く見積もっているので、実際の地震による損害確率を知っている保険契約者は、直線 m_1 で表現される保険には加入しません。そこで、保険会社は保険料率を低くすることで、保険契約の加入を促進します。

　他方、直線 m_2 は地震による損害確率よりも保険料率を低く見積もった（つまり、$q < \pi$）場合の直線です。ここでも、直線 m_2 と接する無差別曲線が保険契約を結ぶ前の状況である点 β よりも上方に位置しているので、直線 m_2 で表

68

現される保険に加入することで保険契約者は効用を高めることができます。しかしここでは、保険会社は地震による損害確率よりも保険料率を低く見積もっているので、実際に地震が発生すると保険会社は損失を被ることになります。そこで、保険会社は保険料率を高くすることで、保険契約の適正化をはかろうとします。

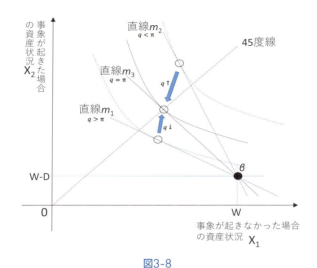

図3-8

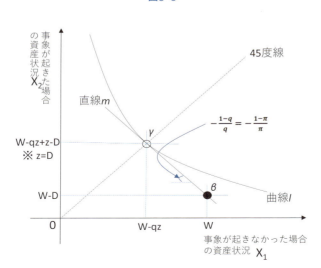

図3-9

3章　保険の仕組みから見た建築物の評価

このような過程を経て、直線m_3で表現されるような、地震による損害確率πと等しくなる保険料率qを設定した保険契約が保険会社から提示され、最終的に無差別曲線と接するところで保険契約が結ばれることになります。

図3-9はこのように理論的に保険契約が結ばれる状況を表したものです。直線mは、点βを通り、無差別曲線lと点γで接することになります。この時、地震による損害確率πと等しくなる保険料率qを保険会社は設定するので、直線mの傾きは$-\dfrac{1-q}{q} = -\dfrac{1-\pi}{\pi}$となります。直線$m$は無差別曲線$l$の接線であり、接線の傾きが$-\dfrac{1-\pi}{\pi}$とすると$X_1$と$X_2$は等しく、点$\gamma$は45度線上に位置することになります。したがって、(3) 式及び (4) 式より、X_1（$= W - qz$）とX_2（$= W - D + z - q$）が等しくなる時、$D = z$となり、地震による損害と等しい保険金が支払われる時に保険契約者の効用水準が最大となります。

このような経済モデルから、地震による損害確率πが全ての建物において合理的に見積もれる場合には、理論的には地震保険が成り立つことが分かります。

【用語解説】効用水準とは

例えば、暑い日に飲む冷えた飲料水を考えてみましょう。暑い日はのどが渇きます。この「のどを潤したい」という気持ちを満足させるために、人々は冷えた飲料水を欲します。この気持ちは多くの人が持つ感情だと仮定します。ここで、冷えた飲料水コップ1杯を飲み干したとします。この人はかなり多くの満足感を味わうことができたでしょう。しかし多くの場合、コップ1杯くらいではのどが潤うことはないと推測されます。

そこで、もう1杯の飲料水を出されたとしましょう。上記の推測から、冷えた飲料水を欲する気持ちは存在するはずですから、もう1杯の飲料水を飲むことができれば、満足感は高まることが想定されます。ところが、1杯目に感じた満足感に比べるとどうでしょうか？　やはり、2杯目を飲

み干した時の満足感は1杯目のそれよりも低いことが容易に予想できます。

このように同じ事態であっても、置かれた状況によって、人が感じる満足感は異なります。この「満足感」のことを、経済学では「効用」と呼びます。

横軸に飲料水（杯）を、それぞれ取ったグラフを描いた場合（図3-10）、飲料水を飲む量が増加するにしたがって、当該飲料水を飲むことによる満足度（つまり、効用）は低下していくことになります。

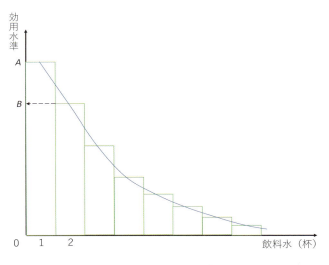

図3-10　飲料水と効用

図3-10で示した右下がりの曲線は、それぞれ飲用水を飲んだ時の満足度（つまり、効用）ですので、点Bの効用は点Aのそれに比べて低下していることがわかります。このような状況を、経済学では「点Bは点Aに比べ『効用水準が低下した』」と記述します。

経済学的な「効用」については西村（1994）が詳しいので、詳しく知りたい方はぜひ読んでみてください[3]。

3-4　レジリエンス評価による地震保険の改善

　ここまではπ（$0 < \pi < 1$）の確率で地震が起こり、地震の被害によって資産（＝建物。以下、建物）の価値がX_1からX_2（$X_1 > X_2$）に減少すると仮定してきました。これは地震が起こった場合に、すべての建物が同様の被害を受けると想定していることになります。しかし、同じ震度であっても、建物の被害は当該建物の立地や耐震性能によってその度合いは異なります。耐震性能の高い建物（リスクの低い建物）は耐震性能の低い建物（リスクの高い建物）に比べて、同規模の地震が起こった時の被害は小さいことが予想されます。そのため、建物に耐震性能の違いが存在する場合、当該建物の所有者が地震保険契約を締結する時には、保険料率qと保険金zの他に、震度とその際に想定される損害Dとの関係が重要となります。

　そのため、建物の所有者は当該建物の耐震性能を認知し、一方、保険会社がその情報を持たない場合は、地震保険は成立しないことになります。この点も、経済モデルで考察してみます。

　まず、リスクの低い建物が損害Dを被る地震が発生する確率をπ^Lとし、リスクの高い建物が同様の損害を被る地震が発生する確率をπ^Hとします（地震で損害が発生する確率＝損害確率）。次に、保険会社は当該建物の耐震性能に関する情報を持たないと仮定し、保険料率qをリスクの低い建物の損害確率π^Lに合わせて設定（$q = \pi^L$）し、図3-11のγで保険契約を締結したとします。この時、リスクの低い（耐震性能の高い）建物しか存在しないのであれば、先に述べたように地震保険は成立します。

　ところが、当然にリスクの高い（耐震性能の低い）建物も存在するので、損害Dが発生する地震が実際に発生した場合、耐震性能の低い建物が当該保険に加入していると保険会社が損失を被ることになります。ここで当該保険に加入しているリスクの高い建物と低い建物の割合がわかっている場合、保険会社は損失を回避するために当該割合を考慮して損失確率を算出し、当初よりも高い保険料率に変更しようとします。そうした場合、損害確率の低い（つまり、リスクの低い）建物の所有者は必要以上に高い保険料率（$q > \pi^L$）を支払うことになるので、当該保険契約を解約することになります。

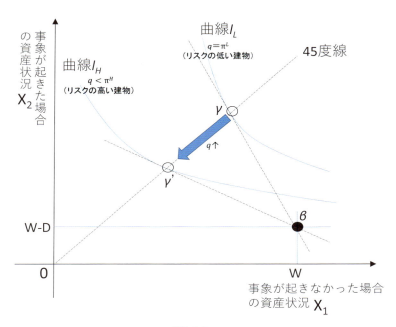

図3-11

　リスクの低い建物が保険を解約すると、当初に比べて耐震性能の低い建物の割合が高くなるので、保険会社は変化した割合に対処するために、さらに保険料率を高める必要が出てきます。となると、ますますリスクの低い建物の所有者は保険を解約するので、結果としては保険会社が想定するよりもリスクの高い、耐震性能の低い建物の割合がますます高い状態になってしまい、保険契約としては成立しなくなります。

　このように保険会社が建物の耐震性能についての確実な情報を持っている場合には、保険契約は成立しますが、実際には建物についての耐震性能に関する情報は共有されない、もしくは限られた情報であることが多いため、保険契約は成立しないことになります。しかし次善の策として、建物の耐震性能の違いを考慮した2つの地震保険契約を提示することはあり得ます。それぞれの耐震性能に適した保険契約が成立すれば、そのことがよりレジリエンス性能、あるいは耐震性を高めようとする動機にもなり得ます。

　つまり、保険料率qをリスクの低い建物の損害確率π^Lに合わせて設定（$q=$

π^L)して保険契約を締結したとすると、耐震性能の低い建物（損害確率π^H）が参入することから、地震保険は成立しません（つまり、図3-12の点Aでは保険契約は成立しない）。ここで損額確率がπ^Lよりも高いものの、一定の耐震性能が認められる「レジリエンス評価」を得た建物の損額確率π^Mに対応する保険料率qに設定したとします。レジリエンス評価を得てない建物は保険契約締結前の審査で排除されると仮定すると、当該レジリエンス評価を得た建物のみが保険契約を締結することになります。

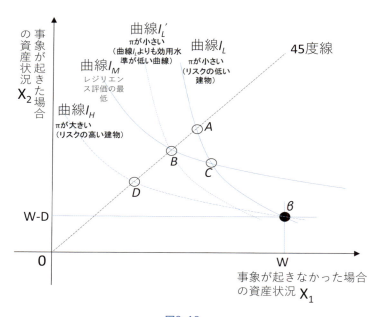

図3-12

　しかし、これでは、レジリエンス評価で認められる耐震性能を上回る（リスクの低い）建物は、保険契約を解約します（または、そもそも締結しない）。なぜなら、点Bは耐久性能の高い建物を保有している個人の効用が、無差別曲線l_Lよりも原点に近い無差別曲線$l_{L'}$上にあることから、損害確率がπ^Lであるような建物所有者の場合、地震が起こった時に保険での補てんがない状態で損害を受ける効用水準βよりも効用水準が低くなっているからです（無差別曲線

は原点から遠い方がより効用水準が高い状態を示します)。

　そこで、点Bよりも保険料率qが低く、その分保険金zも低い点Cにおいて新たな保険契約を設定します。ここで点Cは、効用曲線l_Mとl_Lの交点に位置します。したがって、点Cは点Bで表現される耐震性能よりも、一定程度高い耐震性能(損害確率π^L)がある建物の所有者にとっての効用水準がβと同じ無差別曲線l_L上に存在するので、保険契約を締結することが最善とはいえないものの、選択肢の一つではあることがわかります。

　他方、損害確率がπ^Mである建物の所有者は、効用曲線l_Mと45度線で交わる点Bで保険契約を締結することが最善となるので、点Cで保険契約が存在しても点Bでの保険契約を維持することになります。

　まとめると、一定の耐震性能が認められる「レジリエンス評価」が存在する場合、レジリエンス評価を得ない建物が保険契約締結前の審査で排除されるのであれば、建物のレジリエンス評価の違いを考慮した2つの地震保険契約が提示されることで、それぞれの保険契約は成立することがわかります。

　加えて、当該仮定が成り立つ(つまり、レジリエンス評価によって保険会社が保険に加入しようとする建物の耐震性能の下限が認識できる)のであれば、耐震性能の下限を引き上げることで、耐震性能の高い被保険建物の割合を増加させることができます。つまり、耐震性能の下限を引き上げることで、図3-12の点Bは45度線に沿って、また、点Cは効用曲線l_Lに沿って、それぞれ点Aに近づくことになり、耐震性能の低い建物は保険加入ができなくなる一方で、耐震性能の高い建物の所有者の加入意欲は高まる(45度線に近づくほど最適な保険契約となる)ことになります。したがって、一般に建物所有者は地震保険に加入することで地震損害リスクを回避したいと想定されれば、レジリエンス評価の下限を引き上げることで、社会的に耐震性能の高い建物の割合を高めることができます。

3章　保険の仕組みから見た建築物の評価　　75

3-5　まとめ

　レジリエンス評価によって保険会社が保険に加入しようとする建物の耐震性能の下限が認識できることを前提にした場合、地震保険契約が成立することを経済モデルから説明しました。

　施政者としては、なるべく多くの建物を地震保険に加入させ、多くのリスクを転嫁しておきたいと考えるのも理解できます。しかし、そのようなどんぶり型の地震保険は、経済モデルからすれば努力をして耐震性を高めた建物所有者がリスクを過分に分担する形となり、経済的に合理的でないことがわかります。結果、事業向けの地震保険（火災保険の地震拡張担保特約）の加入率は低くとどまっています。

　経済モデルでみれば、レジリエンス評価の低い建物を区別することで、より効用水準の高い地震保険を設計しうるとなるわけですが、これは評価の低い建物が加入できる地震保険がない（例えば建て替えまでの短期間のリスクを移転するといったことはあり得るでしょうが）ということを意味します。経済原理といえばそれまでですが、施政者としては建て替えを支援するなどの措置が必要でしょう。

　いずれにしても、日本が抱える自然災害のリスクは膨大ですから、リスクを国として自家保有するのではなく、少しでも海外に移転して集中する負担を軽減することが必要です。そのためにも有効な地震保険を設計すること、そのための情報を収集し公開すること、また地震保険から漏れた建物の支援を同時並行で行うことが大切だと思います。

参考文献

1) 伊藤秀史：契約の経済理論，有斐閣，2003
2) 俊野雅司：証券市場と行動ファイナンス，pp.23-26，東洋経済新報社，2004
3) 西村和雄：ミクロ経済学入門，岩波書店，1994
4) 渡邊直樹HP，非対称情報下の市場均衡：情報の経済学 （2012年10月14日版），http://infoshako.sk.tsukuba.ac.jp/~naoki50/index_j.html，2016.1.10

コラム　　　　c　o　l　u　m　n

ミュンヘン再保険 訪問記

　我々の提案について助言を求めるため、世界第2位の再保険会社、ミュンヘン再保険会社（München RE）をミュンヘンに訪ねました。再保険会社は、一般の顧客のリスクを引き受ける元損害保険会社に対し、そのリスクを分散する保険の保険を提供しています。損害保険会社が自社の資産規模に照らし合わせ、抱えるには大きすぎると判断したリスクを再保険会社に分担してもらい、いざそのような支払いをしなければならない場合に保険金が支払えず倒産することを防ぎます。地震のように巨大なリスクは、再保険なくしてはリスクを引き受けることはできません。

　日本の損害保険会社の総資産規模は30兆円ほどです。一方、首都直下地震のような自然災害が起きた場合の被害想定は95兆円にもなり、損害保険会社としては引き受けに躊躇する規模です。できれば引き受けたくないというのが本音かもしれません。そのリスクを分散してなんとかしようというのが再保険という仕組みです。つまり、日本で地震保険を考える場合、再保険会社が引き受けてくれるかどうか？　という

視点が大切になります。

　世界屈指の再保険会社ということで、近代的で巨大なオフィスビルを想像していたのですが、目の前に現れた本社屋はやや大ぶりながらもクラシカルで貴族の館のような建物でした。建築物のリスクを細分化し、それに応じた地震保険を設計することができれば、料率を低く抑えることができて良質な建物が経済的な便益を受けることができるのではないか、という我々の提案に対し、保険理論からして間違ってはいないこと、しかし再保険会社としては取引先の損害保険会社からリスク情報が提供される必要がある、という助言を頂きました。その際に強調されたのが、リスクに関する情報が検証可能であること、英文での論文として学会などで権威付けがなされていることが大切とのことでした。

　また、日本で影響力があるとして紹介した、ミュンヘン再保険が作成した自然災害インデックスは、あくまでも研究部門が作成した資料で、以降更新もされていないこと、実務のリスク判断としては全く利用されていないと説

ミュンヘン再保険会社 本社(上)と訪問時の様子(下)

明され、驚きました。
　いずれにしても、方向性に間違いがないこと、情報発信が大切であること、また国際的なアカデミックに認められる大切さを認識した訪問となりました。

4章

建築物のレジリエンスを
評価する

4-1　建築物のレジリエンスを評価する

　日本の建築物を取り巻く自然災害リスクやその対策状況から、自然災害の中でも特に地震リスクを低減させることが重要です。事業用建築物の耐震性を高め、直接的な地震被害を低減すること、さらには地震発生後の事業停止リスクを抑制することが大切です。そのためにも、今そこにある建物がどのようなリスクを抱えているのかを適切に把握し、どのようなレジリエンス性能（被害の受けにくさと、被害を受けた場合の回復のしやすさ）を有しているかを評価することが重要です。リスクを適切に評価し把握することができれば、建築物の要素ごとに対策の優先順位をつけることもできますし、横並びで比較して、市場における優位性を検討したりすることもできます。また、これらの情報は、地震保険の料率算定に活かされれば、良質な性能に見合った低コストな地震保険を設計できる可能性もでてきます。そのためにも、透明性の高いエビデンスの収集と、それに基づく明快な評価手法が必要です。特に地震保険の活用を考えると、保険の料率算定の理論と相性がよく、保険の専門家にも理解しやすいものであることが大切です。

　一般的に、建築物のレジリエンス性能は、建物の立地、想定される震源、建築物の構造や設備情報、さらには電気や都市ガス、上下水道などのインフラ、それからどのような利用のされ方をしているかといった建物利用によって変化します。しかし、現在行われている建物の耐震性評価や事業継続性評価は、それぞれ建物の物理的な性能、部品や商品の調達供給網の維持復旧などに特化しており、例えば立地に関わる問題、地盤やインフラの対策状況などにはあまり注意が払われていません。不動産売買のデューディリジェンス（投資を行うにあたって、投資対象の価値やリスクなどを調査すること）として、物件によってはエンジニアリングレポートが作成されたりするようにもなりましたが、そこで扱われるレジリエンス情報は、PML（Probable Maximum Loss）などの建物の物理的損害を指標としており、全体としての経済的損失、あるいはそのリスクが見えません。

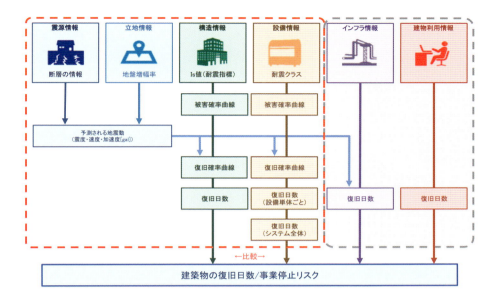

図4-1　建築物のレジリエンスの評価方法

　建物のレジリエンス評価とその結果は、安全で安心な社会における基礎的な情報です。自分たちが使っている建物が、どの程度の危険に暴露されており、リスクはどの程度なのか、改善するための対策はどうすればよいのか、物理的な改修をした方が有効なのか、あるいはある程度の被害が出ることを想定し、地震保険などの金融的手法でリスク転嫁を行った方がよいのか、さまざまな判断材料の基盤となるべき情報です。ところが、日本の建築物のレジリエンス情報は収集も公開も活用もほとんどなされていません。東京で大地震が発生した際、自分が働いている建物が、どの程度の確率で倒壊するのか理解している人がどれだけいるでしょうか。どのように作られた建物でも一定のリスクは存在します。リスクがゼロと言い続けた原子力発電所でさえ、実際にはリスクがあって不幸にもそれが顕在化してしまいました。建物であれば、どんなに対策をした立派な建物であっても、リスクはゼロにはなりません。

　また、知ったところで何もできないと諦めている方もおられるかもしれません。しかしその姿勢は、どの程度になるかも分からないリスクを、自家保

有（保険会社にリスクを転嫁せずに企業内部に損害引当金を積み立てること）していることと同じで、最も危険です。また、そういった姿勢がビルオーナーを甘やかし、耐震性が不足している建物が、何の改修もされないまま不動産市場で流通しているという原因にもなっています。筆者は中小のテナントビルオーナーにインタビューしたことがありますが、耐震改修をしない理由として、次の地震で壊れた時に建て替えを予定しているので、と答えるビルオーナーに何人も会いました。現在の日本の法律では、竣工時の建築基準を満たしていれば、自然災害で建物に被害が発生し、そのことで入居者に被害が出たとしても、補償したり弁済したりする義務はないことになっています。ですから、ビルオーナーの姿勢も経済的な合理性から言えば、あながち間違ってはいません。しかしだからといって、死者が出ることも十分予測される耐震不足の建物を使い続けてよいのでしょうか。不適切な建物への投資を促し、更新を促すにはそのことに経済的な合理性を持たせることが大事です。その基盤となるのが建築物のレジリエンス評価なのです。

　そこで本章では、このような社会的要請にかなった事業用建築物のレジリエンス性能（耐震性、耐停電性、省エネ性、BCP策定、復旧容易性などの建築物としての事業回復支援能力）を適切に評価するための手法を紹介します。

　建築物の構造的な強さを表す指標としては、すでにIs値（Index of Structure）やq値といった数字が用いられます。Is値は耐震指標と呼ばれる指標で、主に1981年以前に設計された建物に対して用いられます。Is値の目安としては経験的に0.6以上であれば、一定の安全性が確保されていると考えます。一方、q値は1981年以降に建てられた建物で使われる指標で、設計に算出した水平保有耐力に由来します。1.0以上で、決められた地震が起きても倒壊の危険性が低いと判断されます。しかし、耐震性の判断にはこれら以外にも参照しなければならない指標があり、素人にはなかなか難しいものです。レジリエンス評価の目的は、物理的な強さを専門的に確認するというよりは、ビルオーナーやテナント事業者、保険会社や行政関係者が、建築物が持つリスクを適切に理解するためのコミュニケーションツールとして機能することです。どのような表現であれば分かりやすいか、ということも議論しながら開発を進めました。

そこで着目したのが復旧日数という考え方です。被害を受けてから元の状態に戻るまでの時間を復旧日数といいます。復旧日数を算出するには建物の耐震性がどの程度であるのかという情報はもちろん、立地や設備などの情報も必要で、総合的に評価できます。また、「震度6の地震が起きたときの復旧日数は、このビルは10日だ」とか、「ゼロ日。つまり全く被害を受けない」という表現方法は、素人にも分かりやすいと考えました。また、建物の構成要素を「構造・設備・ライフライン」の3種類に分類して評価することで、建物のリスクがどこにあるのかが分かります。以降、具体的な評価手法を紹介します。

4-2　建築構造のレジリエンス評価

　建築構造は躯体ともいいますが、建物の壁や柱、基礎や床、天井など建物を支える骨格のことです。建築構造のレジリエンスを評価するためには、地震に対する強さがどれくらいあるのか明らかにしなくてはいけません。建築構造の地震に対する強さを表す指標には、Is値とq値がありますが、q値をIs値に変換する方法があること、また過去の地震に、Is値別の被害状況のデータが豊富にあることなどから、Is値を利用して評価します。Is値は建物の強さを表す指標ですが、建築構造のレジリエンス評価としては地震のリスクを評価したいので、さらに確率を加えます。地震リスクは

地震リスク ＝ 地震が起きた場合の被害の大きさ×被害が起きる確率

で表すことができるので、Is値別の経験値として、図4-2のような被害関数から地震リスクを判断することができます。被害関数は横軸に地震速度、縦軸に累積確率をとった累積確率分布です。Is値を指標にした被害関数は、阪神淡路大震災の被害状況などを元に、研究が進んでいます（被害関数については、中村 2013[1] に詳しい）。図4-2は、Is値が0.74（建物で最も低い数字は0.6が目安ですので、一定の耐震性は確保されている建物ということになります）の建物の被害関数です。最大速度が400kineの地震が起きると、40%が崩壊、20%が大破、さらに20%が中

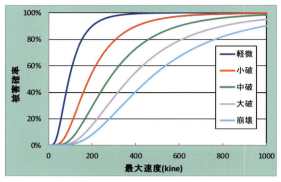

図4-2　建築構造の被害関数(Is値0.74の場合)

被害区分	被害状況	イメージ	日数
軽微	柱・耐力壁・二次壁の損傷が軽微もしくはほとんど損傷のないもの	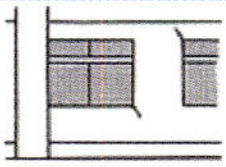	3日
小破	柱・耐力壁の損傷は軽微であるが、RC二次壁・階段室のまわりにせん断ひび割れが見られるもの	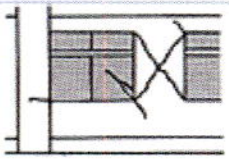	7日
中破	柱に典型的なせん断ひび割れ・曲げひび割れ、耐力壁にひび割れが見られ、RC二次壁・非構造体に大きな損傷が見られるもの	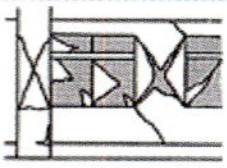	45日
大破	柱のせん断ひび割れ・曲げひび割れによって鉄筋が座屈し、耐力壁に大きなせん断ひび割れが生じて耐力に著しい低下が認められるもの	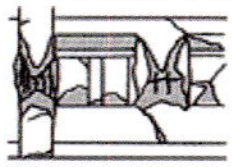	180日
倒壊	柱・耐力壁が大破壊し、建物全体または建物の一部が崩壊に至ったもの	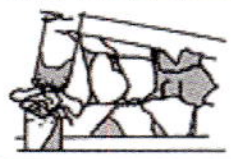	360日

図4-3　建築構造の被害区分

破と予測できます。最大速度が大きいほど、被害の確率も大きくなります。この被害関数はIs値が変わるとグラフの形状も変わり、Is値が大きくなるほど（構造が頑丈になるほど）、グラフは左寄りに移動します（被害を受ける確率が低くなる）。建物が敷地での地震の大きさは、J-SHIS地震ハザードステーションで入手できますので、例えば当該敷
地で10年以内に10％の確率で起きる地震による被害確率、という具合にリスクを算定することができます。

【用語解説】地震の震度・速度・加速度とは

　地震波による地面（地震動）の揺れは、地震計（特に強い揺れを計測するための地震計を強震計といいます）で観測します。このときに、誰でもすぐに分かる指標として、計測震度や最大速度、最大加速度などがよく用いられます。それぞれの指標は下のような特徴を持っています。

- **加速度**：単位（gal）＝（cm/s2）、加速度に質量を掛けたものが力（ma=F）であることから、静的な釣り合いの関係に注目する立場から地震のインパクト（地震力）を見る場合、最大加速度が指標とします。
- **速度**：単位（cm/s）＝（kine）、構造物の被害は、最大加速度に比べ最大速度と良い相関があるといわれています。
- **計測震度**：その場所での揺れの強さを示す指標で、震度7とか6強というふうに使います。被害や体感との相関を目指したもので、気象庁が使用している指標。地震時の、行政対応などの判断に用いられています。以前は体感で震度を決めていましたが、現在では計測震度計（広い意味で地震計の一種）で機械的に計測されています。

4-3　建築設備のレジリエンス評価

　次に建築設備です。建築設備は「衛生設備」「電気設備」「空調設備」の3種類に分けて考えます。

　衛生設備は、給排水や給湯に関連する設備で、配管や水槽（タンク）、ポンプやトイレなどです。電気があっても水がなければトイレが使えませんし、空調機器も種類によっては水を必要とするものもあるので、水のあるなしも事業継続に影響があります。

　電気設備とは、受電や配電に関連する設備のことで、キュービクルや分電盤・配電盤などです。電気がなければほとんどの業務は執行できませんし、事業継続的にも最も重要な設備です。

　空調設備は、エアコンや暖房、換気に関わる設備で、冷暖房の室内機、室外機、冷却塔や換気設備などです。天井に設置された空調機や屋上に設置さ

耐震クラスとは、「建築設備耐震設計・施工指針(以下「施工指針」)[13]」によって「S・A・B」に振り分けられた建築設備の耐震性能指標である。建築設備機器の場合は、想定される水平地震力(K_H)を決定する際の、設計用標準震度(K_S)の値に応じて決定される。

設備機器の水平地震力(K_H) = 設計用標準震度(K_S) × 地震地域係数(Z)

設計用標準震度(K_S) 施工指針[13]を参考に作成

単位：重力加速度G （=980gal）	耐震クラスS	耐震クラスA	耐震クラスB
上層階・屋上	2.0	1.5	1.0
中間階	1.5	1.0	0.6
地階及び1階	1.0(1.5)	0.6(1.0)	0.4(0.6)

※( )内の値は水槽の場合に適用する。

上層階の定義
・2～6階建ての建築物では、最上階を上層階とする。
・7～9階建ての建築物では、上層の2層を上層階とする。
・10～12階建ての建築物では、上層の3層を上層階とする。
・13階建て以上の建築物では上層の4層を上層階とする。
中間階の定義
・地階、1階を除く各階で上層階に該当しない階を中間階とする。

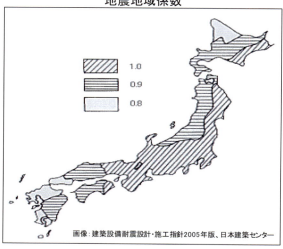

図4-4　建築構造の被害関数(Is値0.74の場合)

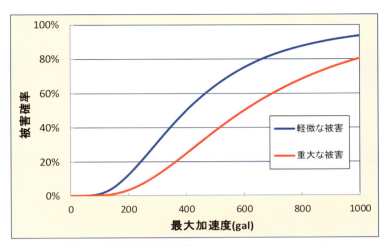

図4-5　建築設備の被害関数（耐震クラスBで中間階設置の場合）

れている冷却塔などがそれにあたります。窓開けができれば事業継続に大きな影響はない場合が多いですが、業務の内容、あるいは停止が長期にわたる場合は業務の生産性に影響を与えます。

　建築設備の地震への強さを表す指標には、「建築設備耐震設計・施工指針」で示された固定の強さによる耐震クラスがあります。耐震クラスには上からS、A、Bがあり、ランク外も含めると4段階になります（図4-4）。建物では上階になるほど地震動が増幅されるため、階別に強度が設定されています。一般的な事務所ではB、重要な設備ではA、災害時の拠点となるような施設ではAもしくはSでの対応が推奨されています。

　建築設備でも被害関数を用いて地震リスクを表現します。耐震クラス別の被害関数を、横軸に地震の最大加速度、縦軸に被害確率をとり、設備の被害発生を予測します。図4-5は、耐震クラスBで中間階に設置された建築設備の被害関数です。この被害関数も耐震クラスが高くなるほど（構造が頑丈になるほど）、グラフは左寄りになります（被害を受ける確率が低くなります）。建築設備は構造と違い、設備にかかる衝撃が被害との相関が高いため、速度ではなく加速度を用いています。

図4-6 設備の一覧

　建築設備も多種多様ですが、事業継続上重要となる建物の機能維持に必要な「電気設備」と「衛生設備」に限定すると、図4-6に挙げた設備が主な対象となります。

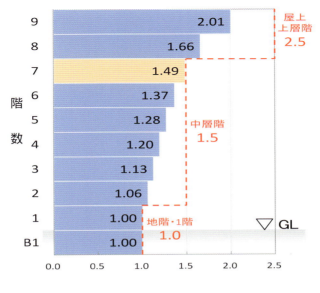

図4-7　設備の一覧

　建築設備に作用する地震の加速度は各階によって異なり、上階の方が大きくなるので、J-SHIS地震ハザードステーションの情報だけでは足りません。そこで建物内の地震動の分布は、建築基準法における保有水平耐力計算と同様にAi分布に基づくものとして計算します（図4-7）。

　さて、設備が建築構造と違うのは、多種多様な設備が、例えば衛生設備系というシステムを構成している点です。系のどこか一部が壊れてもシステム全体に影響を及ぼします。そこで設備システム毎にフォルトツリー解析を行い、ボトルネックとなる設備、復旧に最も時間がかかる設備を特定し、評価します。図4-8のように、建築設備が直列に連結した設備システム停止事象（設備システムに連結した建築設備が1つでも停止すると、その設備システムは停止します）はORゲート、並列に連結した設備システムの停止事象（連結した建築設備が全て停止するとその設備システムは停止します）はANDゲートでそれぞれ表現し、それらの組み合わせで設備システムの停止事象を表現します。このように設備システムの特徴を見ながらリスクを算定します。

4章　建築物のレジリエンスを評価する　　91

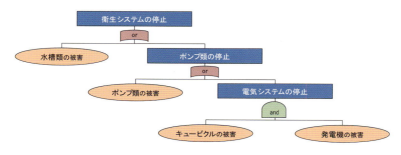

図4-8　フォルトツリー

4-4　ライフラインのレジリエンス評価手法

　最後がインフラです。たとえ建築構造や設備が被害を免れても、電気や水道などのインフラ機能が停止してしまえば、事業を継続することは困難になります。自家発電機や貯水という対策もありますが、停止が長期間になればこちらも停止してしまいます。ここでは「上水道」「電力」「都市ガス」の3種類の供給系インフラを評価します。再保険会社へのインタビューでは、公共交通機関の停止も従業員の通勤に大きく影響するので、インフラとして評価すべきではないか、とのコメントも頂いたのですが、力及ばずここでは扱っていません。東京都内では、上水道は主に東京都が、電気は配電網については東京電力、発電は各電力会社が、都市ガスも各ガス会社が維持管理を行っています。

　供給系インフラの地震発生時の被害関数については、能島ら[2)～10)]が地震

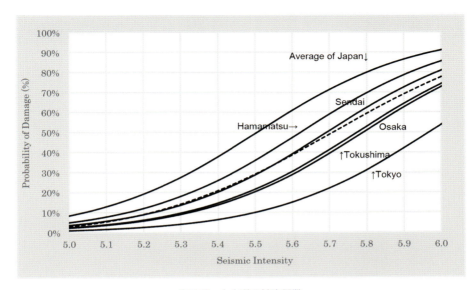

図4-9　上水道の被害関数
復旧日数は既往研究で震度と復旧日数の関係がモデル化されており、その成果を利用した。

時機能評価モデルを提案しているので、これを利用して作成します。この評価モデルをベースに、水道に関しては2015（平成27）年の水道統計を用いて、埋設配水管の管径や管種から事業者別の耐震性の違いを考慮します。都市ガスに関しては、全国のガス事業者の低圧ガス導管の耐震化率を今回新たに調査することで、低圧ガス導管の被害関数を作成しました。建物によっては都市ガス中圧管へ直接接続できる場合もありますが、ここではより一般的な低圧ガス導管のみの耐震化率を根拠としました。電気については、架空供給形式と埋設供給形式の違いを考慮します。

　図4-9に自治体別の上水道の被害曲線を示します。東京が最も耐震化が進んでおり、被害確率も低くなっています。日本平均で見ると、震度5.8の地震で80％の確率で被害を受けると想定され、上水道の更新強化、もしくはインフラに頼らない対策が重要となります。

4-5 レジリエンス性能を分かりやすく表現する

　最後に、これらの建築物のレジリエンス評価をどう表現するかについて述べたいと思います。建築物のレジリエンス性能を高めていくためには、その性能に関する情報の透明性が高く、また保険会社やビルオーナーといった建築の専門家ではない異分野の人にも理解できる内容であることが必要です。

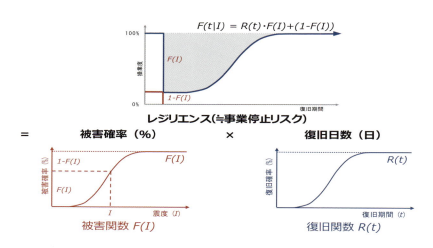

図4-10　建築物のレジリエンス評価を事業停止リスクで表現

　ビルオーナーにとって大切なのは、その建物で事業が継続できるか、復旧するとすれば、どの程度の期間が必要なのか、といった具体的な内容です。そこでこの復旧日数を確率的に計算し、「事業停止リスク」として指標化することにしました。

　建築物のレジリエンスは、図4-10に示すように通常の業務、操業の程度が低下程度と元のレベルに戻るまでの時間を掛けあわせたものとして表現することができます。これをさらにモデル化すると、想定される震度において被害が発生する確率（$F(I)$：被害関数）とその被害の復旧程度と必要な日数（$R(t)$：復旧関数）を掛けあわせたものになります。この考え方は保険の料率算定を行う理論と基本的に同じですので、地震保険との親和性も高いと考えました。

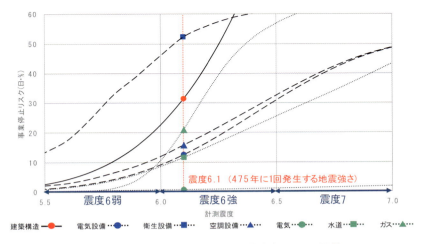

図4-11　建物構成要素別・計測震度と事業停止リスクの関係（建物A）

　この際、事業停止リスクは建物全体で統合化したりはせず、建築構造、電気設備、衛生設備、空調設備、電気（給電）、都市ガス、水道の7つを個別に評価し、立地や建物に応じてどこが重要なポイントなのか、何を改善すれば事業停止リスクを低減できるのかを分かりやすく表現することにしました。

　この際、それぞれの被害関数、復旧関数を作る必要がありますが、構造については地震応答解析や熊本地震における実地調査などの結果から、復旧曲線については兵庫県南部地震やノースリッジ地震などの既往の研究成果を参考に、ライフラインの被害関数・復旧関数共に東日本大震災での調査結果を参考にしています[11)〜27)]。また、想定すべき地震についても、立地のリスクを反映するため、建物の敷地において約500年に1度（50年間に10％の確率で発生）という確率で想定されている震度を想定します。

　図4-11は、関東のある公共建築物の例を示しています。震度は6.1が想定されています。事業停止リスクとしては、電気が最も小さく、次いで水道、電気設備となり、このあたりのリスクは比較的小さいことが分かります。逆に最も大きいのが衛生設備で、具体的には給水系で被害が発生し、事業停止リスク52日・％になります。事業停止リスクは実際に被害が発生した際に想定さ

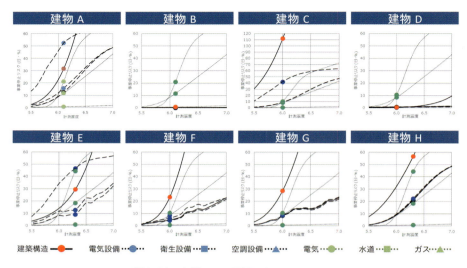

図4-12　事業リスク評価のケーススタディ

れる復旧日数とその発生する確率である被害確率を掛けあわせたものですから、実際の復旧日数はもっと長くなる可能性はありますが、確率的なリスクはこの程度ということになります。次いで高いのは建築構造で、事業停止の面から考えると、この想定震度では耐震性にはあまり問題はなく、むしろ設備系の強化が課題であることがわかります。しかし、想定する震度が変われば順位も変わります。震度6強を超えると、建築構造の事業停止リスクが最大となります。

　図4-12にケーススタディとして実施した8つの建物の事業停止リスクを示します。建物の構造がボトルネックになっている建物は8棟中4棟で、特に建物Cは大きな被害を受ける確率が高く、早急な対策が必要です。建物によって立地や備えている設備、依存しているインフラもさまざまで、ボトルネックも多様であることが分かります。

　このように建物の要素毎に事業停止リスクを評価し、公開していくことで、ビルオーナーからすれば対策として何をすべきかが明らかとなり、入居するテナント事業者からすれば、何がリスクでどのような対策をテナントとして

とれば、自分自身の事業継続性を高められるのか明確になります。また、保険会社からすれば、事業停止リスクを使って地震保険の料率を決定でき、また休業損失も判断することができます。

　現時点ではこのような評価をするには限界もあります。設備の復旧日数を海外の文献に頼っていたり、敷地のインフラのリスクをエネルギー会社の代表値を使っていたりと、個別の建物を評価するには適切といえない情報も使っています。しかし、このようなことができれば、建築物のレジリエンス性能に対する意識も変わると思いますし、そのための情報を地道に収集し公開していくことが大切なのではないかと思います。

参考文献

1) 中村孝明：実務に役立つ地震リスクマネジメント入門，丸善出版，2013

2) 能島暢呂，杉戸真太，鈴木康夫，石川裕，奥村俊彦：震度情報に基づく供給系ライフラインの地震時機能リスクの二段階評価モデル，土木学会論文集，No724，I-62，pp.225-238，2003.11

3) 能島暢呂，加藤宏紀：水道統計に基づく全国水道事業者の排水管路網の脆弱性評価，土木学会論文集A1（構造・地震工学），Vol.70，No.4，pp.I_21-I_32，2014.7.15

4) 能島暢呂，加藤宏紀：供給系ライフラインの地震時機能評価モデルの改良と再検証—東日本大震災を対象とした都道府県別評価—，第5回相互連関を考慮したライフライン減災対策に関するシンポジウム講演集，pp.94-104，2013.12

5) 能島暢呂：脆弱性指数を用いたライフライン網の地震時脆弱性評価〜上手移動配水管網への適用〜，地域安全学会論文集，No.10，pp.137-146，pp.354-367，2008.11

6) 加藤宏紀，能島暢夫：供給系ライフラインの地震時機能的被害・復旧評価モデル ─市区町村別簡易評価法システムの構築─，日本地震工学会論文集，第15巻，第7号（特集号），pp.354-367，2015

7) 能島暢呂，加藤宏紀：機能的フラジリティ関数による都市ガスの地震時供給停止人口の推計，地域安全学会論文集，No.23，pp.1-10，2014.7

8) 能島暢呂：事業者と利用者の対策効果を考慮した供給系ライフラインの地震時機能停止の影響評価モデル，地域安全学会論文集，No.15，pp.153-162，2011.11

9) 能島暢呂，杉戸真太，鈴木康夫，佐藤寛泰：被災事例に基づく供給系ライフラインの地震時機能停止と復旧過程の予測：想定東海・南海地震を対象として，地域安全学会梗概集，Vol.13，pp.101-104，2003.11

10) 鈴木康夫，佐藤寛泰，杉戸真太，能島暢呂：埋設管路網の脆弱性を考慮した地震時ライフライン機能の簡易評価モデル，土木学会第58回年次学術講演会（平成15年9月），pp.697-698，2003

11) 岡田成幸，鏡味洋史：震度による地震被害系統評価のためのバルナラビリティ関数群の構成，地震，第2輯，第44巻，第2号，pp.99-108，1991.1

12) 林康裕，宮腰淳一，田村和夫，川瀬博：1995年兵庫県南部地震

の低層建物被害率に基づく最大地動速度の推定，日本建築学会構造系論文集，第494号，pp.59-66，1997.4

13）林康裕，宮腰淳一，田村和夫：1995年兵庫県南部地震の低層建物被害率に基づく最大地動速度分布に関する考察，日本建築学会構造系論文集，第502号，pp.61-68，1997.12

14）村尾修，山崎文雄：自治体の被害調査結果に基づく兵庫県南部地震の建物被害関数，日本建築学会構造系論文集，第527号，pp.189-196，2000.1

15）林康裕，鈴木祥之，宮腰淳一，渡辺基史：耐震診断結果を利用した既存RC造建築物の地震リスク表示，地域安全学会論文集，Vol.2，pp.235-242，2000.11

16）Takeda, Sozen and Nielsen: Reinforced Concrete Response to Simulated Earthquakes, Journal, Structual Division, ASCE, vol.96, No.ST12, 1970

17）長戸健一郎，川瀬博：建物被害データと再現強振動によるRC造建物群の被害予測モデル，日本建築学会構造系論文集，第544号，pp.31-37，2001.6

18）長戸健一郎，川瀬博：鉄骨造建物群の被害予測モデルの構築，日本建築学会構造系論文集，第559号，pp.101-106，2002.9

19）宮腰淳一，林康裕，田村和夫：被害データと地震応答解析に基づく建物群の耐震性能に関する考察，第10回日本地震工学シンポジウム論文集，第1分冊，pp.327-332，1998

20）文野正裕，前田匡樹，長田正至：部材の残余耐震性能に基づいた震災RC造建物の被災度評価法に関する研究，コンクリート工学年次論文集，Vol.22，No.3，pp.1447-1452

21）諏訪仁，神田淳：兵庫県南部地震の被害データを用いた建物補修期間の統計的検討，日本建築学会構造工学論文集，Vol.53B，pp.311-316，2007.3

22）諏訪仁：兵庫県南部地震における建物被害データを用いた建物の地震リスク評価法に関する研究，東京大学 新領域創成科学研究科 社会文化環境学専攻，学位論文，報告番号123064，2007.9.28

23）翠川三郎，藤本一雄，村松郁栄：計測震度と旧気象庁震度及び地震動強さの指標との関係，地域安全学会論文集，Vol.1，pp.51-56，1999.11

24）Johnson, G.S., R.E. Sheppard, M.D. Quilici, S.J. Eder and C.R. Scawthorn: Seismic Reliability Assessment of Critical Facilities: A Handbook, Supporting Documentation, and Model Code Provisions,

Technical Report MCEER-99-0008, 1999

25) Porter, K. A., Jonson, G., Sheppard, R. and Bachman, R.: fragility of mechanical, electrical, and plumping equipment, Earthquake Spectra, Vol.26, No.2, pp.451-472, 2010

26) 諏訪仁，神田順：兵庫県南部地震の地震被害データを用いた建築設備の被害率曲線，日本建築学会構造系論文集，第73巻，第633号，pp.1935-1941，2008.11

27) 金子美香，神原浩：兵庫県南部地震の被害調査に基づく建築設備の被害関数，日本建築学会大会学術講演梗概集（北陸），pp.1333-1334，2010.9

5章

建築保全の評価・格付け

5-1　さまざまな評価の方法と項目

　本章では、レジリエンス性に関係する施設の評価の方法について、建築保全にも関連するものを紹介すると共に、建築保全の評価・格付けを簡易的に行える方法について説明します。

　施設の評価方法にはさまざまなものがありますが、建築保全に関連する既存施設についても評価方法がいくつかあります。ここでは、その評価方法の中から、一般的に使用されることを見込んでいるもの4つ、特定の機関など一定範囲で使用されることを見込んでいるもの5つについて、その概要を紹介します。

一般的に使用 ┌ 不動産鑑定評価、デュー・ディリジェンス、
　　　　　　　└ 住宅性能評価、ＦＭ評価手法（ＪＦＭＡ）

特定範囲使用 ┌ 国（官庁営繕）：事業評価、総合耐震診断、
　　　　　　　│　　　　　　　保全状況の指標、施設の現況評価（案）
　　　　　　　└ 東京都：資産アセスメント

　評価の方法は、その評価軸の設定によって、さまざまな目的に応じることが可能となります。例えば施設について、①コスト面からの評価、②性能面からの評価、③住民などへのサービス提供による評価、と整理することも可能です。

　公共施設においては、評価結果により施設を残す、廃止する、用途転用するなどの判断が必要となることがあります。施設の存続、廃止、用途転用などの選択を支える仕組みの中に評価の方法が組み込まれていくことが見込まれます。

　まず最初に、建築保全の総合評価に関連のありそうな評価の方法の概要を、評価項目などを含めて紹介します。

1　不動産鑑定評価

　不動産の鑑定評価は、不動産の鑑定評価に関する法律に基づき、不動産鑑定士（有資格者）が貨幣額で表示します。

　経済価値は、①効用、②相対的稀少性、③有効需要により生じますが、それに影響を与える価格形成要因は、不動産鑑定評価基準により、①一般的要因、②地域要因、③個別的要因の3つに分類されます（表5-1）。

表5-1　不動産鑑定の評価額に影響を与える要因

①一般的要因
　　自然的要因：地盤、土地の高低、気象など
　　社会的要因：公共施設、教育社会福祉の状態、生活様式など
　　経済的要因：物価、・雇用・企業活動など
　　行政的要因：土地・建築の規制、住宅の施策、税制、規制など
②地域要因
　　宅地地域の要因：(住宅) 気象、交通、インフラ、災害リスク、景観など
　　　　　　　　　　　　(商業) 集積度、客質と量、利便性、盛衰、規制など
　　農地地域の要因
　　林地地域の要因
③個別的要因
　　土地の要因：宅地 (住宅) 日照、接道、近隣など、(商業) 接道、交通、顧客など、(工業)
　　　　　　　　農地、林地、転換移行地域
　　建物の要因：建築改修年次、面積、高さ、構造、材質、性能、維持状態など
　　建物及び敷地の要因：配置、規模、計画など、賃貸用不動産は経営管理

　価額を求める鑑定評価の手法は、①原価法、②取引事例比較法、③収益還元法の3つに大別されます。

　　①原価法：再調達原価を求めて減価修正を行い、積算価格を求める手法
　　②取引事例比較法：取引事例を収集選択し、事情修正・時点修正を行い、地
　　　域要因・個別的要因を比較考量し、比準価格を求める手法
　　③収益還元法：将来想定される純収益の現在価値の総和を求め、収益価格
　　　を求める手法

不動産価格は、常に一定ではなく、生鮮食料品と同様に、その時々の時勢などによって変動します。敷地も建物も評価は変化しています。

2 デュー・ディリジェンス

デュー・ディリジェンス（Due Diligence）は、投資家が投資対象の資産について行う調査活動です。

不動産証券化、売買、資産査定などにおいては、対象不動産のリスクや市場価値について、詳細かつ多角的に調査を行います。調査項目は、①物理的調査、②法的調査、③経済的調査に区分され、弁護士、会計士、不動産鑑定士、建築士、技術士、環境コンサルタントなどによって精査されます（表5-2）。

表5-2　デュー・ディリジェンスで対象とする調査項目

①物理的調査
　土地状況調査：現地調査、所在地、地目、地籍、境界、地質地盤、
　　地下埋設物、土壌汚染、地下水、大気汚染、危険物・嫌悪施設
　建物状況調査：建築年次、機器経過年数、耐震・補強、設備、屋根、
　　内外装、増改築・改修履歴、既存不適格、消防指導、有害物質、
　　維持・修繕費、再調達価格
②法的調査：権利（登記など）、賃貸借契約、占有、売買契約、確認申請・
　検済証など
③経済的調査
　マーケット調査：一般的要因、不動産市場（取引市場、賃貸市場・空室率など）、
　　周辺の開発動向、地域要因、個別的要因
　不動産経営調査（収益不動産の場合）：賃貸収入（将来予測）、経費、
　　テナントの経営状況、管理運営方式、リスク評価など

物理的調査の報告書が、エンジニアリング・レポートです。BELCA（(公社)ロングライフビル推進協会）作成のガイドラインでは、エンジニアリング・レポートは、技術的見地から第三者の立場で対象不動産の性能を評価し、収益性リスクを明らかにすることが役割であることと、調査の内容が示されています（表5-3）。

表5-3　デュー・ディリジェンスの物理的調査内容

①物件概要、②建物状況調査、③遵法性調査、
④修繕更新費用、⑤再調達価格、⑥建物環境リスク、
⑦土壌汚染リスク、⑧地震リスク

3　住宅性能評価

2000（平成12）年4月に「住宅の品質確保の促進等に関する法律」が施行され、住宅性能表示制度が始まりました。この制度は、①住宅の性能の表示方法、評価方法の基準を設け、住宅の相互比較を可能にする、②性能評価を行う第三者機関を整備する、③新築の場合に性能評価書を契約内容とする、の3つを骨子とします。

評価の基準となる日本住宅性能表示基準・評価方法基準は、新築住宅と既存住宅を対象とし、既存住宅の性能表示項目は、「現況検査による劣化等」の項目と、個別性能に関する9分野の項目となっています（表5-4）。

表5-4　既存住宅の性能表示項目の分野

①構造の安定、②火災時の安全、③劣化の軽減、④維持管理・更新への配慮、⑤温熱環境・エネルギー消費量、⑥空気環境、⑦光・視環境、⑨高齢者等への配慮、⑩防犯（⑧音環境は、新築住宅の項目）
（評価方法基準：平成13年国土交通省告示第1347号、最終改正平成30年3月26日時点）

住宅性能評価は、国土交通大臣が登録した登録住宅性能評価機関が行い、標章のついた住宅性能評価書を交付します（図5-1）。

図5-1　住宅性能評価書に付する標章
　　　　建設住宅性能評価（既存住宅）

評価の対象は、一戸建て及び共同住宅などの住宅で、検査・評価により、住まいの劣化や不具合が把握でき、住まいの性能が分かるというものです。既存住宅の売買、適切な維持管理、修繕リフォームに役立つものとなります。注意点としては、建物の瑕疵を判断するものではない点、既存住宅の売買時に利用する場合、合意がなければ評価書は契約内容とはならない点です。

4 FM評価手法（JFMA）

JFMES13は、ファシリティマネジメント（FM）の評価手法で、FMの業務を踏まえてファシリティのあるべき姿を設定し、それとの差異を判定し、ファシリティに関わる数量、品質、コスト及びFMインフラの4つの視点から総合的な評価を行うものです。JFMES11から見直されました。

評価項目は、数量評価（QP）、品質評価（FP）、コスト評価（CP）、FMインフラ評価（IP）の4つの視点の評価群からなります（表5-5）。

評価対象は、項目により施設単位、建物別のほか、地域単位となる場合もあります。

表5-5　JFMES13　評価項目

FM評価（評価群）	大項目	中項目	小項目	評価内容
数量評価 （QP）	①土地、②建物、③設備、 ④什器・備品、⑤人員	22	56	132
品質評価 （FP）	①信頼性・安全性、②快適性・生産性、 ③耐用性・保全性、④環境保全性・ 資源循環性、⑤品格性・社会性	24	60	172
コスト評価 （CP）	①ファシリティ維持費、 ②ファシリティ運営費、③施設投資、 ④施設資産、⑤ライフサイクルコスト	10	44	133
FMインフラ評価 （IP）	①リーダーシップ、②体制、③情報、 ④標準・基準、⑤コスト	17	78	222

評価項目には、定量的なものと定性的なものがあります。各評価項目に5段階のグレード（グレード1（劣る、1ポイント付与）～グレード5（優れる、5ポイント付与））が設定され、ポイントを合計して評価します。

評価内容毎に重み付けして合計したものが小項目のポイント、小項目のポイントの合計が中項目のポイント、中項目のポイントの合計が大項目のポイ

ント、大項目のポイントの合計がＦＭ評価のポイントとなります（考え方としては、合計の際にいずれの段階でも重み付けをするとしていますが、現在、評価内容以外は重み付けはなしとなっています）。

マニュアル試行版には、約660の各評価内容について、グレードの設定に関する記述が細かくなされています。

5　官庁営繕事業の事業評価

事業評価は、国の政策評価の1つとして位置づけられます。事業を採択するかどうか（新規採択時評価）、事業の継続を見直すかどうか（再評価）、事業は見込んだ効果を発現しているかどうか（事後評価）の3つの段階で用いられ、評価は基準に基づき行われます。

建築関係では、官庁営繕事業の事業評価があります。新規採択時の基準をベースに再評価、事後評価の基準があり、評価の手法や項目が示されます。

評価は、「事業計画の必要性」「事業計画の合理性」及び「事業計画の効果」の3つの視点から行われ、各評価指標の評点が100点以上であることを、事業の採択や継続、効果として確認されるための要件としています（表5-6）。

表5-6　事業計画の必要性の評価の基準(抜粋)計画理由(概要)

内容 評点		100	90	80	70	60	50	40	備考
老朽	施設の老朽（現存率）	50%以下	60%以下	70%以下	80%以下				災害危険地域、気象条件の極めて過酷な場合は10点加算
	構造耐力の低下（経年、被災などによる）	著しく低下、非常に危険							
狭隘	庁舎面積（面積率）	0.5以下	0.55以下	0.60以下	0.65以下	0.70以下	0.75以下	0.80以下	敷地が増築可能な場合、従要素
借用返還	立退要求がある場合		借地期限が切れ		期限付き立退要求		なるべく速やかに返還		
	返還すべき、借料が高額			緊急に返還すべき			なるべく速やかに返還		
分散	事務能率低下、連絡困難（相互距離）			分散1km業務上著しく支障		分散300m業務上非常に支障		同一敷地分散、業務上支障	相互距離は、通常利用する道路の延長

地域連携	都市計画の進捗（区画整理など施行）	周囲が区画整理済み当該だけ残る	区画整理中、早く立退かないと妨害		区画整理事業決定済（年度別決定済）		区画整理事業決定済	該当で加算（従要素は10%）・シビックコアで他は全て整備済：7点、整備済と建設中：4点・地公体と合築整備が確実：4点・地域防災へ貢献確実：4点
	地域性上の不適（都市計画的な不適、防火・準防火地域の木造建築物の延焼）			著しい障害、防火準防の木造で延焼可能性が著く高い		障害あり、防火準防の木造で延焼可能性が高い	好ましくない、防火準防の木造で延焼のおそれあり	
立地条件の不良	位置の不適（業務上の支障、公衆の不便）			業務上非常に支障、公衆に非常に不便		業務上支障、公衆に不便及ぼす	業務上又は環境上好ましくない	
	地盤の不良（地盤沈下、低湿地、排水不良など）	維持管理が不可能に近い		維持管理が著しく困難		維持管理が困難	維持管理上好ましくない	
施設不備	必要施設の不備	業務遂行が著しく困難		業務遂行が困難		業務遂行に支障	好しくない、来庁者利用に著く支障	増築が可能な場合は従要素
衛生条件の不良	採光、換気不良			法令の基準よりはるかに低い		法令の基準より相当低い	法令の基準以下	主要素としない
法令など	法令などに基づく整備	法令、閣議決定などに基づき整備必要						国の行政機関などの移転及び機構統廃合などに適用（機構統廃合は従要素）

計画理由を主要素と従要素に区分し、主要素の評点（満点100点）に従要素の評点（満点100点×0.1）を加えた合計点数で評価されます。

6　官庁施設の総合耐震診断

「国家機関の建築物などの地震災害及びその二次災害に対する安全性の評価及び耐震改修についての基本的事項を定め、官庁施設として必要な耐震性能の確保を図ること」を目的として、1996（平成8）年にまとめられた「官庁施設の総合耐震診断・改修基準」による診断です（表5-7）。

表5-7　耐震安全性の目標(参考)

部　位	分類	耐　震　安　全　性　の　目　標
構造体	Ⅰ類	大地震動後、構造体の補修をすることなく建築物を使用できることを目標とし、人命の安全確保に加えて十分な機能確保が図られるものとする。
	Ⅱ類	大地震動後、構造体の大きな補修をすることなく建築物を使用できることを目標とし、人命の安全確保に加えて機能確保が図られるものとする。
	Ⅲ類	大地震動により構造体の部分的な損傷は生じるが、建築物全体の耐力の低下は著しくないことを目標とし、人命の安全確保が図られるものとする。
建築非構造部材	A類	大地震動後、災害応急対策活動などを円滑に行ううえ、又は危険物の管理のうえで支障となる建築非構造部材の損傷、移動などが発生しないことを目標とし、人命の安全確保に加えて十分な機能確保が図られるものとする。
	B類	大地震動により建築非構造部材の損傷、移動などが発生する場合でも、人命の安全確保と二次災害の防止が図られていることを目標とする。
建築設備	甲類	大地震動後の人命の安全確保及び二次災害の防止が図られているとともに、大きな補修をすることなく、必要な設備機能を相当期間継続できることを目標とする。
	乙類	大地震動後の人命の安全確保及び二次災害の防止が図られていることを目標とする。

　官庁施設の耐震診断は、施設の位置・配置など、構造体、建築非構造部材及び建築設備のうち、必要な項目について実施するものとなっており、耐震安全性についての総合的な評価を示します (表5-8)。

表5-8　官庁施設の耐震診断項目

施設の位置・配置などの改善のための評価	施設の位置、地盤状況及び施設の配置
構造体の耐震診断	上部構造、基礎構造及び地盤
建築非構造部材の耐震診断	活動拠点室など、重要な設備室、危険物の貯蔵使用室など、一般室
建築設備の耐震診断	建築設備機器、配管などごとに必要とされる機能

　津波防災に係る診断については、別途「官庁施設の津波防災診断指針」が2013 (平成25) 年3月に制定されています。

7 国土交通省営繕における保全状況の指標

　国家機関の建築物については、その実態調査に伴い、保全状況を把握するための評価を行っています。保全状況の指標は、①保全の体制、計画及び記録など、②点検などの実施状況、③施設の状況の3つの観点から、施設毎に各評価項目を満点100点（一部200点）として点数化しています。点数を集計し、平均点を総評点として扱い、問題点の抽出などを行っています（表5-9）。

表5-9　保全実態調査の評価項目

評 価 項 目	評 価 細 目	評点の算出方法	
①保全の体制、計画及び記録など（各細目の評点の平均点を評点とする）	保全体制	施設保全責任者の有無	責任者を定めている：100点 定めていない：0点
	保全計画	年度保全計画書の作成 中長期保全計画書の作成	作成している：100点 一部作成している：50点 作成していない：0点
	保全台帳	点検及び確認結果の記録 修繕履歴の作成	
②点検などの実施状況（各細目の評点の合計を評点の満点（評点の対象としない細目の評点を除く）で除したものに100を乗じて得た数値を評点とする）		建築物の敷地及び構造の点検 昇降機の点検 建築物の昇降機以外の建築設備の点検	対象部位があり 点検をしている：200点 対象部位があり 点検をしていない：0点 対象部位がない： 評点の対象としない
		支障がない状態の確認	確認を実施している：200点 確認をしていない：0点
		消防用設備などの点検 危険物を取り扱う一般取扱所などの点検事業用電気工作物の保安規定による 　自主検査 機械換気設備の点検 ボイラーの性能検査、定期検査 浄化槽の水質検査、保守点検、清掃 簡易専用水道の水槽の清掃 排水設備の清掃 清掃など及びねずみなどの防除 空気環境の測定 冷却塔・加湿装置などの清掃など 給水設備の飲料水・雑用水の 　遊離残留塩素などの検査 ばい煙発生施設のばい煙量又は 　ばい煙濃度の測定	対象部位があり 点検をしている：100点 対象部位があり 点検をしていない：0点 対象部位がない： 評点の対象としない

③施設の状況 (各細目の評点の平均 点を評点とする)	消防・防災、建築・附帯施設（外壁、漏水）、設備機器、家具の転倒防止対策、避難経路などにおける障害物の有無、施設使用条件適合の可否（建築、設備）、空気環境、照明照度、熱環境、衛生環境、清掃	問題ない：100点 一部問題がある：50点 問題がある：0点
総評点	①～③の評点の平均点	

8 施設の現況評価（官庁施設のストックマネジメント技術検討）

　施設機能の維持、有効活用には、施設保全責任者や施設管理者が本来有すべき性能と現況のかい離を認識し、改善に向けた保全計画を立案し、修繕を実施していくことが必要です。そのためには備えるべき性能水準と状況の評価手法が必要となります。

　官庁施設のストックマネジメント技術検討委員会（平成11・12年国土交通省）より、施設の現況評価の方法が提示されました。方法は採用に至りませんでしたが、今回提示の建築保全の評価・格付けのベースともなっています。

　現況評価項目は、国土交通省の官庁建物実態調査（物理的劣化状況などの調査・診断・評価）及び保全実態調査（施設管理者などが行う保全の実施状況の調査・評価）から3つの評価、4つの調査項目に整理しています（表5-10）。

表5-10　官庁施設のストックマネジメント技術検討委員会提案の施設の現況評価項目

調査・評価	：①建物状況の評価（建物の物理的劣化状況などの評価） ②保全実施状況の評価 ③施設の性能評価（施設の性能水準の設定と評価）
調査項目	：①建築物の概要を把握するための項目 ②「保全基準」及び関係法令に規定される保全項目 ③ライフサイクルコストの把握に必要な項目 ④施設の性能レベルをチェックする重点的な項目

　評価項目は、安全、環境、品質の3つの観点から、7つの重点管理項目を設定しています（表5-11）。評価基準となる値には、法令に準拠する基準値や既存調査の平均値などを用います。評価の指標は、専門的知識を有しない施設管理者も実施が可能なものとなるよう検討しています。

表5-11　各項目の重点管理項目と評価項目

種別	重点管理項目	評価項目
安全	安全性	外壁の剥落防止、漏水防止、アスベスト、PCBなどへの対策、耐火、防火、防災
	耐震性	耐震診断の実施、耐震改修の実施
環境	省エネ・省資源	省エネ・省資源、廃棄物の削減、電気使用量、燃料使用量、ガス使用量、水道使用量
品質	室内環境	光環境、熱環境、空気環境、衛生環境、情報設備設置環境
	バリアフリー	建築物の出入口、廊下、スロープ、階段、エレベータ、便所、駐車場、構内通路、サイン
	利用状況	狭隘度、利用度、満足度、アクセス、使いやすさ
	コスト	維持管理費、光熱水費

9　東京都の資産アセスメントでの建物評価

　東京都では、1999（平成11）年度から施設評価を行う資産アセスメントを実施しています。施設そのものの性能評価に加えて、その施設を使用して行っている事業評価を現在から将来にわたって評価している制度です（表5-12）。評価者は、一次評価では事業部局が行い、二次評価では財産管理部局と技術的な部局が共同で行っています。

表5-12　東京都の資産アセスメント施設そのものの性能評価の評価対象

・施設の利用状況
・施設が有効に活用されているかの評価
・費用対効果
・都民ニーズに対する適合性（施設の必要性、規模、機能）
・施設の立地と都市計画法上の用途地域や周辺の土地利用との整合性
・施設位置と施設の所管区域との位置関係
・事業の将来性（事業の将来動向を予測した事業計画・施設整備計画の有無）
・事業の時代適合性
など

　表5-13に技術的評価の一部を抜粋します。点数化、評価要素毎に重みづけして100点満点で評価を行います。これにより既存施設を、そのまま使用した

り、一部見直したり、大幅に事業を見直したり、事業そのものを廃止するなどの判断を行ってきています。

表5-13　東京都の資産アセスメントの技術的評価の対象(抜粋)

維持管理費	維持管理の妥当性	維持管理状況
長期保全計画	長期保全計画の作成状況	
有効利用	敷地の有効利用度	有効性・効率性
充足度	容積率の充足度	
レンタブル比	レンタブル比	
庁舎面積／人	1人当たり床面積	
1ベッド当り面積	個室、多床室	
学校面積		
耐震診断	耐震診断の結果と処置	安全性
非常用電源	（非常用電源の確保）	
OA化対応	OA化対応	機能性
トイレ・EV・段差	ユニバーサルの達成度	
省エネ（CO2）対策	省エネ（CO2）対策	
フレキシビリティー	躯体のフレキシビリティー	フレキシビリティー
容易性	機器更新の容易性	
資産価値	資産価値の残存状況	価値
文化財的価値	文化財的価値	

10　評価方法のまとめ

　建築物のレジリエンス、建築保全に関連のある9つの評価方法について見てみると、評価の実施主体や場面に応じ、評価の目的や用途、対象や範囲、評価方法、項目、内容、計測や診断の方法、精度、専門性などについて、それぞれ違いがあることがわかります。

　評価の方法は、1つに統一していく方向ではなく、適切に使い分けを行っていくべきと考えられます。どのような評価方法があり、どのように使用していくことが可能かを見ておくことは、評価の実施にあたって重要です。

　継続的に複数の事例を比較するためには、継続的に同じ評価方法を使用していく必要性が生じますが、一方、評価の方法については、その時点時点の

変化に応じ、改良を加えて実施していくことも求められます。

また、評価に関わるデータの扱いについて、データをどう保管あるいは継続管理していくかは、予め課題として捉えておくことが必要です。

実務においては、評価にあたっての作業のボリュームと費やすコスト、労力、時間に対して、評価によって得られる効果がそれに相応するものであることが必要となります。評価のみに重きを置き進捗を阻害すること、逆に評価を安易に行い選択ミスという大きなリスクを負ってしまうことは、両方共に避けるべき事項です。

用途に応じ採用する評価方法を見極めることが、重要となります。

5-2　建築保全の評価・格付けの開発

1　開発の目的

公共施設が抱える問題

高度成長期に供給された建物ストックの劣化などによる問題が顕在化しつつあり、更新時期を迎えて多くの予算を必要としてきています。しかし、生産年齢人口の減少による税収減など、国・自治体の財政事情は悪化し続け、予算に余裕はありません。また、年齢構成比の変化により行政需要は大きく変化し、単なる現状維持では不十分な状況が生じています。

施設管理者などに求められる対策

このような事情を背景に、保有施設の運用管理・保全が、施設管理者などにより適切に実施されることは、従来にも増して重要になってきています。

適切な保全の取組による効果として、無駄な支出の削減（計画的修繕による支出の削減、適切な設定による光熱水費の削減など）、必要な施設の長寿命化（適正な保全による支出時期の延期など）、必要な施設の精査（売却、廃止、高度利用などによる総ストック量の削減など）などがあげられます。

建物を長く使うことの有効性は、財政の悪化などや、環境負荷低減の社会的要請を背景に認知されてきていますが、そのために必要な保全行為や予算、現行法令が求める性能を満たしていないこと（既存不適格）への措置などにつ

いての認識は、まだ決して十分とはいえない状況と捉えられます。保全に関する知識の普及と実践は急務と言えます。

評価・格付けの目的

　建築保全の評価・格付けは、建築保全に関わる知識の普及や体制の構築を支援する担当者の初動を支援するとともに、保全の良否を客観的に提示することで、より良い保全を促すことを目的としています。

　また、建築保全の評価・格付けは、担当者による自己診断を含み、施設管理者が評価・格付けを行う過程で、保全に関する知識を収得できる副次的な効果があります。記入情報の収集を通じて、所在、関係部署の把握がより進むとも考えています。

2　評価・格付けの方法のポイント

【ポイント1】「2段階診断」

　建築保全の評価・格付けは、一次評価は職員による自己評価、結果により高度な判断が必要となった場合は、専門家への依頼による二次評価を行うフレームとします。簡易評価制度として一次評価があります。

　専門家への依頼の前に自前で確認し、専門性が必要な場合にその部分のみ依頼することにより、専門家の診断が必須とならず、費用面から実施のハードルを低くできます。

　後段で示している例は、先行が必要と考えられる第1段階の自己評価です。自己診断と専門家による評価については整合させる、例えば5段階のうち1程度に収めることを目標にします。

【ポイント2】「自己診断ツール」

　保全の重要性を認識し、より良い取り組みを促すため、簡便に自己評価できる自己診断用のツールとします。自己診断ツールは、専門知識を有しない者が実施できるよう簡便なものとして「施設管理者が簡単に回答できる」ことを目標におきます。以下の5点に留意しています。

　①回答者の主観による判断を許容し、調査などを極力減らす。

②マニュアルを読まなくても回答できる。

③チェックリスト方式による加点・減点により、主観による影響を調整できるようにする。

④既存の調査結果などを積極的に活用する。

⑤良否の判断の目安として標準値の提示を行う。標準値は、国土交通省大臣官房官庁営繕部作成の「国家機関の建築物の保全の現況」などの活用も想定する。

【ポイント3】「主観評価・客観評価」

自己評価は、施設管理者自らが簡便に評価できるよう、主観評価の項目と客観評価の項目の2本立てとし、項目ごとに選択可能にして、2つを組み合せています。施設管理者、専門家のいずれが評価してもよく、専門家による評価があった場合は、それを優先することになります。

主観評価は、専門知識を持たない職員でも実施可能な簡便な内容です。

客観評価は、今ある診断結果などを利用できるようにして、評価の負担を軽減します。評価基準には、法令などによる判定基準を用いるなどします。

【ポイント4】「評価項目の選定」

基本的な性能に限定して、評価する項目数を極力少なくします。評価項目は、既存手法の調査をふまえて、「安全レジリエンス性」「環境性」「経済性」の3つの視点にしぼっています。

【ポイント5】評価項目の階層構成

評価項目は、基本的かつ簡明なものに絞り込みを行い、「レジリエンス安全性」、「環境性」、「経済性」の3つの大項目に対してA・B・Cの評価格付け（RANK）を行います。

【ポイント6】「評価方法の改善」

評価方法は、その状況に応じ、変化させ、改良していくことが必要です。データの蓄積、手法の見直しなどにより、「標準値」は見直しを行います。

また、使い方に応じて重みを付けたり、項目を略したりすることがあります。個別施設への適用を念頭においていますが、施設群についても、各施設の小項目の評価値を施設の延床面積比で加重平均して施設群に対する評価値とすることにより、適用が可能となります。

3　各ポイントの解説
【ポイント4】「評価項目の選定」について

　評価・格付けの評価項目の選定について、評価項目は建物の基本性能を評価する既往の手法を参考にして選定する方法があります。

　今回は不動産賃貸業、管理会社、設計会社、地方公共団体などから建物性能評価の資料を取り寄せてヒアリングを行い、各業種の重要評価項目とその特徴を捉えました。その例を示します（表5-14）。

表5-14　各業種が求める評価項目

不動産賃貸業	：安全性、安心性、快適性、基本性能
不動産仲介業	：立地特性、不変特性、可変特性
設計会社・施工会社	：社会環境の変化、ニーズの多様化、建物機能の維持
地方公共団体	：建物性能、外部需要、内部需要、利用状況、管理効率
管理会社（自社物件）	：安全性、信頼性、快適性、効率性、利便性、社会性、資産性

　各業種の評価項目を約140項目に整理し、それを安全レジリエンス性（安全性の確保）、環境性（建築物の内部の快適な環境の確保）、経済性（運営における経済性）の観点から分類し、対象外の項目を除外して、約50項目を選定しています（表5-15）。

表5-15　評価・格付の項目

	安全性	BMMC-Rating（1次案）	評価項目対象（判断の目安）	不動産賃貸	不動産仲介	計画者・施工者	自治体FM	自社物件管理
1	安全性	[耐震性]構造体、建築非構造部材	構造躯体の耐震性能（現行耐震基準との比較、対応基準の状況、割増）	安全安心	不変特性	社会環境変化	建物性能	安全・信頼性
2	安全性	[耐震性]建築設備	設備の耐震性能（建築設備耐震設計・施工指針を満足、不安の有無）	安全安心		社会環境変化		安全・信頼性
4	安全性	[防災性]防災訓練の実施	防災訓練・体制（マニュアルの整備・訓練の実施）	安全安心				
5	安全性	[防災性]火災被害の防止	消防車の指揮事項（消火・火報設備等）（措置の有無、法レベルとの比較）	安全安心		社会環境変化	建物性能	安全・信頼性
8	安全性	[防災性]浸水被害の防止	浸水対策：水配管・電算室周り			建物機能の維持		
10	安全性	[セキュリティの確保]	防犯警備システムの導入（IDカード・センサー形式、ゾーニング別対応状況、対策の有無、進入防止性、通報確実性）	安全安心	可変特性	社会環境変化	建物性能	安全・信頼性
12	安全性	[設備機能の維持性確保]信頼性確保	災害時の非常電源の対応（自家発電、二重化、一部・全体）	安全安心		社会環境変化		
15	安全性	[設備機能の維持性確保]インフラ途絶時の容量確保	水・食料・医薬品の備蓄（備蓄の有無）	安全安心				
16	安全性	[設備機能の維持性確保]信頼性確保	エレベータ（耐震制御）			ニーズ多様化		
17	安全性	[設備機能の維持性確保]劣化度	設備機器・配管・配線の適切な更新（新用年数の範囲内を評価）		不変特性	建物機能維持		安全・信頼性
18	安全性	[設備機能の維持性確保]信頼性確保	設備機器の信頼性・避難設備の有効幅員（重要度に応じた系統、固定方法、二重化 等）	安全安心		社会環境変化		安全・信頼性
19	安全性	[利用者の安全性]バリアフリー	主要動線（幅120cm・車椅子対応）	安全安心		社会環境変化	建物性能	安全・信頼性
20	安全性	[利用者の安全性]バリアフリー	出入り口の幅（80cm以上）	安全安心		社会環境変化		
21	安全性	[利用者の安全性]バリアフリー	主要動線の床段差（スロープ・昇降機）	安全安心		社会環境変化		
22	安全性	[利用者の安全性]バリアフリー	主要動線の床の滑りにくさ（滑りにくい仕上・運営）	安全安心	可変特性	社会環境変化		
23	安全性	[利用者の安全性]バリアフリー	手すりの設置・適正高さ・2段手摺（適正高さ・二段手摺）	安全安心		社会環境変化	建物性能	
24	安全性	[利用者の安全性]バリアフリー	誘導サイン（点字・文字）	安全安心		社会環境変化		
25	安全性	[利用者の安全性]バリアフリー	エレベータの音声誘導装置（音声有無）	安全安心		社会環境変化		
26	安全性	[利用者の安全性]バリアフリー	出入口扉のレバーハンドル（UD対応）	快適	可変特性	社会環境変化	建物性能	
27	安全性	[利用者の安全性]バリアフリー	身障者用トイレ（UD対応）	快適		社会環境変化	建物性能	
28	安全性	[利用者の安全性]バリアフリー	身障者用エレベータ（設置の有無）	快適		社会環境変化	建物性能	
30	安全性	[利用者の安全性]不安定な装置・部位	屋上・外壁仕上げ材料の適切な更新（新用年数の範囲内を評価）		不変特性	建物機能維持		快適・効率 利便性

【ポイント5】評価項目の階層構成

評価項目は階層構成を持ち、大項目の評価格付け（RANK）は3つの中項目により、中項目の評価（rank）はそれを構成する小項目（rate）により評価します。各項目は表5-16のとおりです。

表5-16　評価項目の階層構成と各項目

大項目 （A・B・C）	中項目（rank） （a・b・c）	小項目（rate） （1〜5点）
安全レジリエンス性	建築構造の耐震性 防災性 利用者の安全性 建築設備の耐震性	耐震診断結果、建築年次 消防検査 法定定期点検 石綿・VOC使用状況　など 電気設備の耐震性（キュービクル） 衛生設備の耐震性（受水槽）
環境性	周辺環境性 利用者の快適性 環境負荷の低減性	清掃・維持管理 温熱・光・音（必要に応じてアンケート） 断熱・高効率機器 自然エネルギー
経済性	保全の体制 維持管理費 光熱水費	組織・担当 使用実績 ベンチマーキング　など

評価値の定め方は以下のとおりです。

小項目の評価値（rate）：以下の1〜5までの値となります。

評価（rate）	5	4	3	2	1
判定	とても良い	良い	普通	悪い	とても悪い

中項目の評価（rank）：以下のa・b・cの3段階としており、構成する小項目の平均値で評価します。

評価（rank）	a	b	c
評価値（rate） の平均値	4.0を超える	2.5を超え 4.0未満	2.5以下

大項目の評価（RANK）：以下のA・B・Cの3段階としており、大項目を構成する中項目の評価（a・b・c）の組み合わせで評価します。

評価（RANK）	A	B	C
評価（rank）の組合せ	aaa,aab	abb,aac,abc,bbb	acc,bbc,bcc,ccc

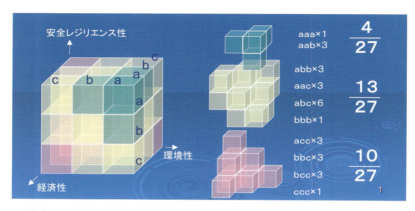

「安全レジリエンス性」「環境性」「経済性」の3軸で考えると、原点から遠い組合せがRANK A、原点から近い組合せがRANK C、残りがRANK Bとなります。

4 評価の方法

評価の方法について評価項目の内容は、表5-17のとおりです。

表5-17 建築保全の評価・格付け項目

大項目A・B・C	中項目（rank）a・b・c	小項目（rate）1〜5点
レジリエンス性	**建築構造の耐震性** 耐震性能を建設年次、Is値（耐震指標）、Qu/Qun（保有水平耐力比）のいずれかから、新耐震設計法の耐震性能と比較	**建築年次** 建築概要から1981（昭和56）年6月以降の新耐震設計法による設計か否かを確認 **耐震診断結果** 保有水平耐力比（Qu/Qun）で判断、旧耐震法の建築物は診断Is値で判断
	防災性 消火用設備の適正な設置作動を確認、防火対象物の消防検査の結果を活用	**消防検査** 消防検査における指摘の有無と対応状況により評価

	利用者の安全性 建築物の外壁やエレベータなど建築物の安全性に影響する部位が劣化により危険な状態にないこと 石綿やシックハウス原因物質などが健康に影響する状態におかれていないこと、建築物におけるバリアフリーの取組の進捗の程度について評価	**法定定期点検** 建築基準法第12条に基づく法定点検における指摘の有無と対応状況により評価
		石綿・VOC使用状況 石綿やシックハウス原因物質に対する対策が実施されていることを確認
		バリアフリー バリアフリー円滑化基準、誘導基準を満たすと判断できることを確認
	建築設備の耐震性 建築設備の耐震性を電気設備のキュービクルの設計用水平震度、衛生設備の受水槽の設計用水平震度に代表させて判断	**電気設備の耐震性** キュービクルの設計用水辺震度を盤上表示または図面から確認
		衛生設備の耐震性 受水槽の設計用水辺震度を盤上表示または図面から確認
環境性	**周辺環境性** 汚れや臭気といった五感に関する不快と感覚に関する項目、建築物に固定された機器などの利用に関する不満を評価	**清掃** 汚れや臭気について回答者の主観若しくはアンケート結果で評価
		維持管理 施設に設置の機器などが損傷や故障状態でなく適宜修理されているか評価
	利用者の快適性 冷暖房、照明、音の状況に不満や不快を感じるような状態に無いことを評価 （必要に応じて利用者へのアンケートを実施して平均値を用いる。）	**温熱** 空調機器が適切に機能し、利用者の温熱環境の不快が許容範囲か評価
		光 照明器具が適切に設置され、光環境の不快が許容範囲か評価
		音 壁や天井の材質が適切で、会話の際の音環境が許容範囲か評価
	環境負荷の低減性 建築物の利用に伴うエネルギーの消費を減らす取組を評価	**断熱** 外壁の断熱材の有無と窓などの断熱化について評価
		高効率機器 省エネ性能の高い設備機器として1990年以降の環境性能の良い設備機器の導入について評価
		自然エネルギー 施設利用での自然エネルギー利用など省エネルギーの取組の多さを評価

経済性	保全の体制 保全の担当者が明確か、適正な保全の取組が進んでいるかについて評価	組織・担当 施設における保全担当の有無、担当が明確かについて評価
		取組み 電子化など含め、保全情報の把握・整理状況を評価
	維持管理費 維持管理費が、類似施設の標準値と比較して適正な水準であるかを評価	使用実績 清掃費を代表として類似施設の標準値と比較して維持管理費が少ないかを評価
	光熱水費 類似の施設のエネルギー使用量、上水使用量と比較して評価（ベンチマーキング）	エネルギー使用量 燃料などをエネルギー換算したエネルギー使用量が、類似施設の標準値と比較して少ないかを評価
		上水使用量 上水・中水の使用量が、類似施設の標準値と比較して少ないかを評価

5　具体の評価・評点と評価シートの例
入力と評価結果の表示について

　具体的なシートの例を掲載します。シートは表計算ソフトを用いて作成してあります。ここでは各評価項目の具体の点数を赤い数字で表示します。

　　建物の構造種別や延べ面積などを入力します（図5-2）。

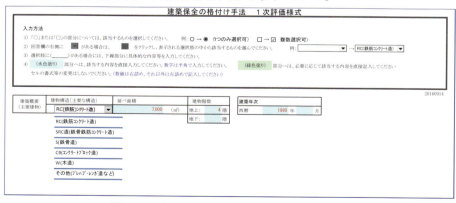

図5-2　入力シート（建物の構造種別や延べ面積などを入力）

エネルギー使用量を入力して、標準値との比較をします（図5-3）。

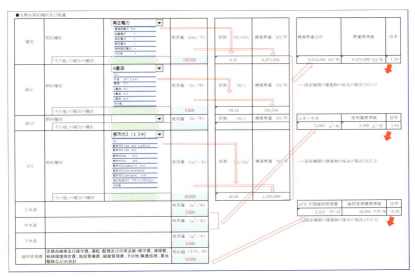

図5-3　エネルギー使用量を入力。標準値との比較

数値・文字の入力は、概ね以上です。

安全レジリエンス性、環境性、経済性の3項目について、順に回答を選択していきます。1つ目の大項目は、安全レジリエンス性です（図5-4）。

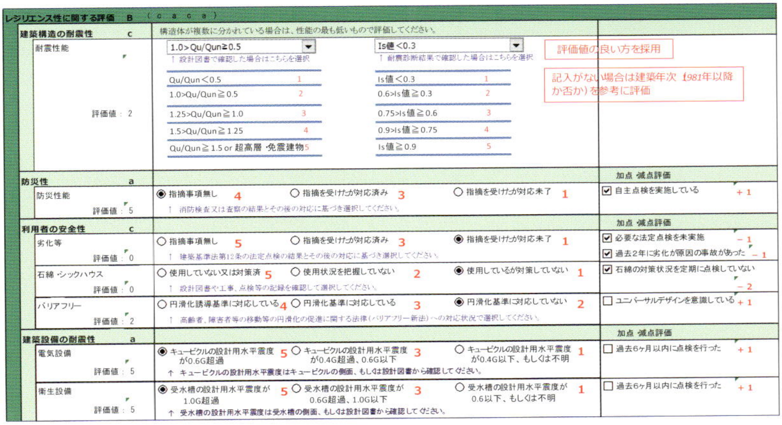

図5-4　レジリエンス性の入力シート

2つ目の大項目は環境性です（図5-5）。

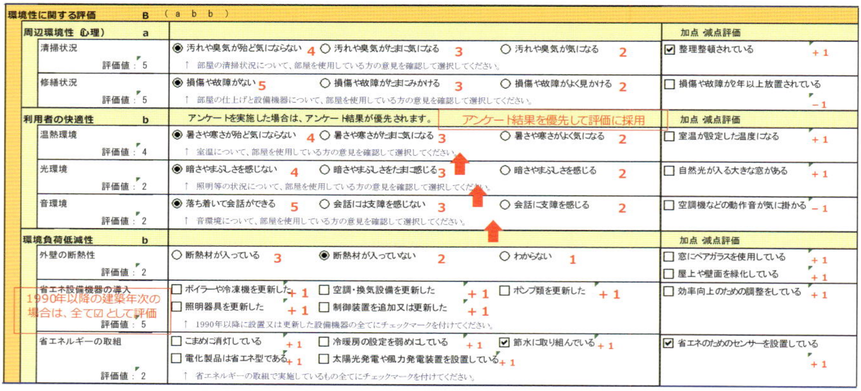

図5-5　環境性の入力シート

環境性は、アンケートで快適性の値を平均化する方法もとれます（図5-6）。

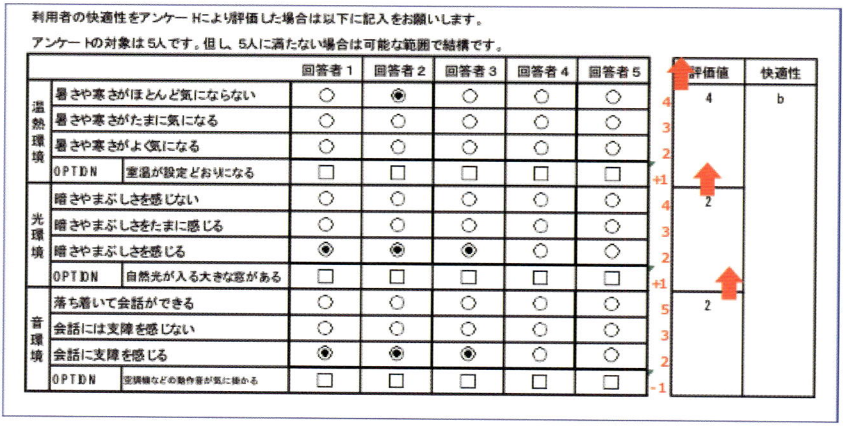

図5-6　環境性に関する回答者の主観アンケート

3つ目の大項目は、経済性です（図5-7）。

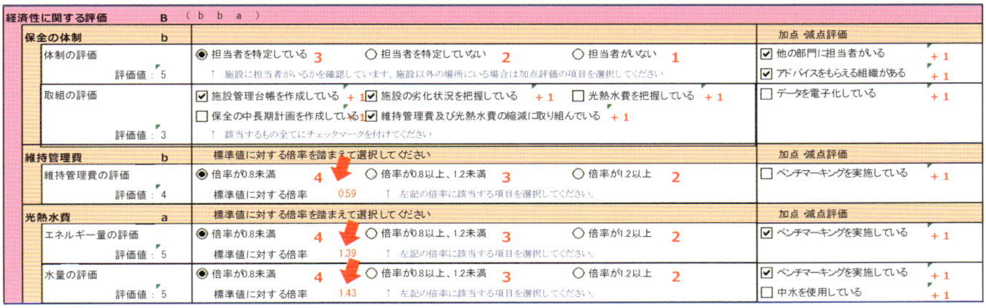

図5-7　経済性の入力シート

評価結果の表示について

3つの大項目により評価をすすめますが、結果は10の中項目について標語とレーダーチャートによって示すものとしています。中間値は3点として、膨らんだところは優れた項目、へこんだところは弱点を示します（図5-8）。

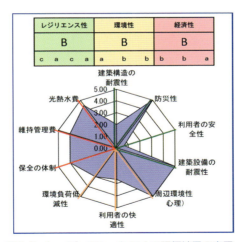

図5-8　レーダーチャートによる評価結果の表示

評価結果が一覧でき、簡便に評価・格付けが可能です。

5章　建築保全の評価・格付け　125

6　まとめ

　評価・格付けの方法については、2008（平成20）年度頃から（一財）建築保全センターで項目の選定しぼりこみなどを行い、調査研究・開発を進めてきています。

　ここで紹介した方法は、災害など危機を乗り越えるレジリエンス（復元力、回復力）性能が重要であるとの認識から、今回建築設備の耐震性を評価項目に加え、安全レジリエンス性の観点から改良を加えたものです。

　今後、評価・格付けの方法により既存施設の改修・処分などの事業の選定において、進捗を促す効果が期待できます。

　また、より多くの光熱水費等のデータが収集されてくると、運営コストに関わるベンチマーキングにも活用が可能となり、評価の方法の改良にもつながってくると考えられています。

参考文献

1) 国土交通省：土地総合情報ライブラリー，不動産鑑定評価基準（2014年5月1日最終改正），http://tochi.mlit.go.jp/seido-shisaku/kantei-hyouka，2016.12.2

2) 官庁施設の総合耐震診断・改修基準（平成8年10月24日），http://www.mlit.go.jp/gobuild/sesaku_taisin_siryou_taisin4.htm，2016.12.2

3) 官庁施設の総合耐震診断・改修基準及び同解説，（一財）建築保全センター，1996

4) FM資格制度協議会：ファシリティマネジメント　キーワード集，（公社）日本ファシリティマネジメント協会，2016.8

5) 山本康友：既存施設の評価方法

6) 杉浦綾子：不動産評価の基礎，週刊住宅新聞社，2004

7) エンジニアリング・レポート作成に係るガイドライン（2011年版），（公社）ロングライフビル推進協会（BELCA），2011.10

8) ＦＭ評価手法　ＪＦＭＥＳ13　マニュアル（試行版），（公社）日本ファシリティマネジメント協会，2013.4

9) （一財）建築保全センター：建築保全の格付け・ベンチマーキングに関する研究，https://www.bmmc.or.jp/gyoumu1/gyoumu1-7/#point3，2016.12.2

10) （一財）建築保全センター：公共建築における「建築保全の格付け」の検討，2008.11

11) （一財）建築保全センター：公共建築における「建築保全の評価・格付け」の検討状況，2009.11

12) （一財）建築保全センター第一研究部 植木暁司：建築保全評価・格付（2010.10版）の概要と試行について，2010.11

13) 官庁施設のストックマネジメント技術検討委員会報告書，http://www.mlit.go.jp/gobuild/sesaku/hozen/siryo/200101/honbun.html

14) 国土交通省大臣官房官庁営繕部設備課保全指導室 監修、（財）建築保全センター 編集：施設管理者のための保全業務ガイドブック（第2版），（財）建築保全センター，2006.8

15) FM資格制度協議会編：総解説　ファシリティマネジメント，日本経済新聞出版社，2003

16) 国土交通省住宅局住宅生産課：既存住宅の住宅性能評価制度ガイド，http://www.mlit.go.jp/jutakukentiku/house/torikumi/hinkaku/081001pamphlet-old-guide.pdf

6章

レジリエンス評価の社会化

6-1 不動産市場における「市場の失敗」

　不動産業は典型的な装置産業だと言われます。装置産業では最初に大きな投資が必要で、後はその装置を有効利用することで投資を回収します。利益を上げている間は、設備の入れ替えなどは無駄な費用で、なるべく抑制したほうが財務上は得策です。賃貸ビルなどの不動産業においては、建物の竣工後、計画通りの家賃でテナントが入居してくれれば、ほぼ仕事は終わったようなものです。後はテナントが出ていかないように最低限のサービスを提供します。空室が発生しない限り追加的な投資はほとんど行われませんし、空室が発生した場合に行われる投資も、空室を埋めるのにどれほど効果があるか、リーシング、次の借り手を見つけるのにどれほど役立つのかという視点で中身が決定されます。一般的に、リーシングに最も効果的な投資は、トイレなどの水回りの改修やエントランスなどの見栄えを良くする工事です。テナントが入居している場合は、耐震改修などの面倒な工事は、テナントが出ていくきっかけになりますし、引っ越し代などの負担も発生しますので、行われることはほとんどありません。

　国は「建築物の耐震改修の促進に関する法律」で、1981年以前に建てられた旧耐震基準の建物で、不特定多数の方が利用する建築物に対して耐震診断を行い、報告することを義務付けています。2018年の東京都の発表[1]では、耐震診断を受けた852棟の建物のうち、154棟が震度6強以上の地震で倒壊・崩壊の危険性が「高い」とされ、95棟で危険性が「ある」とされました。実に30％の建物で耐震上問題があるとされたわけです。この中には、渋谷の109が入居する建物や、新宿の紀伊國屋書店の建物など著名な建物も含まれます。対象となった建物でも、耐震診断を受診していない建物も残っていますし、対象とならなかった建物では、耐震改修はおろか、耐震診断の受診も進んでいません。

　ビルオーナーからすれば、空室がない状況ではなるべく入居者を刺激するようなことはしたくないというのが心情です。旧耐震基準で建てた建物であれば、耐震診断をすれば「危険あり」と指摘される可能性が高いことをビルオーナーは知っていますので、敢えてしたいとは思いません。むしろ耐震診

断をして危険性があるという診断が出てしまうと、それを入居者に伝えないのは不動産業としての信義に反します。賃貸借契約の締結時であれば重要事項説明として知らせる義務があります。入居者に知らせることは、転出のきっかけとなったり賃料の値引き材料となったりするので、できれば知らせたくない。結果として信義にも反さず、転出のきっかけにもしないためには、そもそも耐震診断を受診しない、知らないままでいることが、後ろ向きではありますが、経営者としての最適な判断となるわけです。

　一方で、地震で建物が倒壊し、入居者に被害や死者が発生した場合の責任は不明瞭です。民法では「土地の工作物の設置または保存に瑕疵がある場合」は、工作物の所有者が責任を負うと規定しています（民法717条）。つまり、賃貸建物に「瑕疵」があれば、ビルオーナーが責任を負うことになります。問題はどのようなケースが「瑕疵」に当たるかですが、一般的には建築当時の基準を満たしていれば「瑕疵」には当たらないとされています。しかし、耐震診断で危険性があることを知りながら何も対策をしなかったとなると、これは「瑕疵」になる可能性が出てきますので、ビルオーナーとしてはますます耐震診断を受けたくないとなるわけです。

　このように、市場メカニズムが働いているはずの不動産市場でも、耐震性に劣る建物が市場から退場を迫られることなく、大地震発生時のリスクを孕んだまま存続し続けています。市場メカニズムが働いているにもかかわらず、経済的に最も効率的な状況が達成されない現象を「市場の失敗」と呼びますが、不動産の耐震性能はまさに市場の失敗の典型といえます。経済学では、市場の失敗の原因は、①外部性、②公共財、③情報の非対称性、④規模の経済にあるとされます。例えば、地震による入居者の被害をビルオーナーが負わなくてよいといった制度は、その経済的被害が外部経済化されていると言えます。また、耐震性の情報がビルオーナー以外にほとんど公開されないといった状況は、情報の非対称性に当てはまります。政府の役割は、このような市場メカニズムの働かない市場で、市場の失敗を是正することにあるわけですが、ビルオーナーは強力ですので、ことは容易ではありません。重要なのは、市場と規制のバランスであり、政府や事業者に過剰な負担、コストを掛けずに実現するという社会システムをどう設計するかです。

6-2　レジリエンス評価を社会に組み込む

　ここでは、我々の研究グループが考えている社会システムについて紹介したいと思います。
「市場の失敗」状態に陥っている訳ですから、その原因、情報の非対称性や地震被害の外部不経済を解消することが第一歩となります。

　情報の非対称性でいえば、ビルオーナーに集中している建物情報、ビルの耐震性や安全性、環境性能といった情報を、他のビルと比較できる形で公開を進めることが対策となります。

　外部不経済についていえば、大地震などでビルが倒壊、あるいは損傷を受けた際のビルオーナーの責任を明確にしなければなりません。現在の法律では、建物が建てられた時の建築基準法をクリアしていれば、ビルオーナーに責任は問えません。過去の地震被害では、ビルの運営側に明らかな瑕疵があれば責任を問われていますが、原則はそんなビルを選んだ方が悪いというスタンスです。しかし選ぶ方には、そのビルの耐震性がどうなっているのか、詳しい情報は開示されないのが一般的です。街角にある不動産屋の店頭にも、オフィスビルの空き室情報が並んでいますが、そこにある情報は築年、広さ、駅からの近さといった程度の情報しかありません。そこを大きく変えていくことが必要です。そんなことは政府が法律で規制すればよいではないか？　と思われるかも知れませんが、現時点のこのような状況は著しくビルオーナー側に有利ですから、ビルオーナーにこの状況を変えようという動機はありません。つまりこの状況を政治的に解決しようとすると、ビルオーナーという政治力の強い集団が反対するのは容易に想像できます。一方でテナント側は、そもそもそのような情報がない状況ですから、この問題に関してどうしても関心が低く、まとまった行動をすることは難しい状況です。ですから現状では、「建築物の耐震改修の促進に関する法律」で、緊急輸送道路などの沿道建物や不特定多数が利用する病院や店舗などに対して耐震診断を義務づけ、結果を公表させる程度のことしかできていないのです。

　そこで我々の提案は、少なくとも耐震性について高いレベルでの対策を実施している、高いレジリエンス性を有している建物が、そのことがリーシン

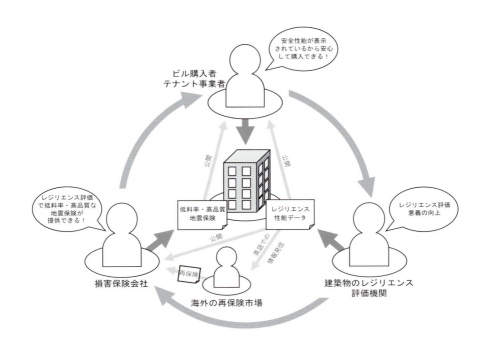

図6-1　建築物のレジリエンス性能評価を組み込んだ社会システム

グ上も有利になるし、賃料も高く設定できる、そういった社会システムを実装できないかと考えました。このシステムの肝は、耐震性やレジリエンス性能に関わる第三者認証を行うことなのですが、大切なことはこの認証と地震保険の料率（掛け金）を連動させることです。高い耐震性、あるいは被害を最小限に抑制できるレジリエンス性を有していれば、そういった建物の災害による被害は確率的に低くなるはずで、その地震保険料率は低く抑えることができるはずです。

そもそも高い耐震性を有している建物が対象ですからリスクは低いはずですが、それでも一定の確率で被害は発生します。そこは低率の地震保険でリスクを回避しておく。これらの地震保険を海外の損害保険会社に再保険という形で引き受けてもらえば、リスクを海外に移転することもでき、大震災発生時の国内の資金需要を減らすこともできます。つまり、海外の再保険会社、国内の損害保険会社が低リスクであると判断できる材料を提供できる第三者

認証制度を作り、その低い地震保険料ということが、建物の低リスクの証明となり、テナント事業者はそれを見比べることで建物の耐震性、レジリエンス性を判断できるようになります。

テナント入居者が複雑な物理的耐震性を理解するのは困難です。しかし、このビルの地震保険は○○％と表現されれば、他のビルと容易に比較できますし、安全性を定量的に判断できます。また、地震発生時の確率的な被害額を予測するのにも役立ちます。建物の安全性が確率的に示されて、将来の被害リスクを計算できるので、賃料の上乗せ分が理にかなったものかどうかも定量的に判断できます。そういった社会システムです。

6-3　エビデンスにもとづくリスク情報の収集

このような社会システムを作っていく上で最も大切なことは、リスクを適切に把握することです。地震保険という金融手法を取り入れるためにも、金融工学的にリスクを算定できるエビデンスを収集し、公開していくことが大切です。どのような情報がリスクの把握に必要かは、4章で詳しく書きましたのでここでは繰り返しませんが、特に不足している情報が設備の対策と被害の関係です。

リスク算定の基本は、暴露されている危険、例えばどのような規模の地震がどのような頻度で予想されているのかという情報と、そのハザードが発生した際に、対策別にどのような確率で被害を受けるのかを整理しておくことです。建築物の躯体では、住宅については耐震等級、事業用建物についてはIs値、あるいはPMLなどのインデックスを用いて評価がなされ、その等級毎の被害状況が地震発生時に収集され、解析が進んでいます。一方で不足しているのが、設備に関する被害状況です。建物に被害がなくても、電気設備や給排水設備が被害を受ければ、事業継続は困難です。今日の地震保険が補償する対象は、建物が受けた物理的被害だけでなく、事業停止による利益損失も補償対象として重要視されてきているため、設備の被害予測も大切になってきています。設備の耐震に関する等級は、耐震クラス[2]として整理されています。耐震クラスBを基本とし、約1.5倍の固定強度を耐震クラスA、約2倍

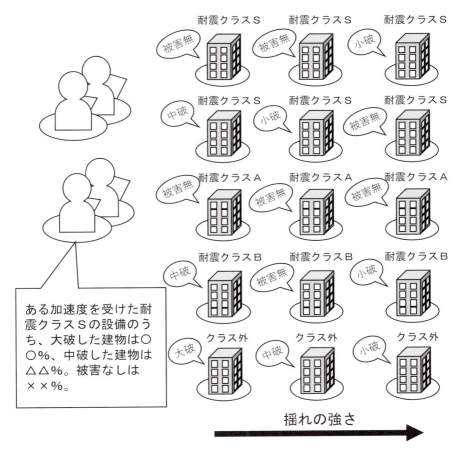

図6-2　建築設備被害状況の調査イメージ

を耐震クラスS、そのほかクラス外の計4段階です。しかし、実際に地震が起きた場合、どのような確率で被害が発生するのかは、実はよく分かっていません。建物の躯体については、地震発生直後から研究者や建築関係者による被害実態の調査が行われるようになっていますが、設備については実はほとんど行われていません。阪神淡路大震災や東日本大震災以降、建築学会や空気調和・衛生工学会などによる設備の被害状況を調査していますが、被害を

受けた建物の概況を調べる程度しかできておらず、リスク評価に必要な対策別、地震の強さ（加速度）別の被害状況は明らかになっていません。被害が出る確率を求めるには、被害がなかった建物も調べる必要があります。しかし、被害のない建物に対してどのような調査をすればよいのか、悉皆調査（調査探究しようとする事象を、全体にわたって漏れなく、また重複することなく調査する方法）をする必要があるのか、サンプル調査をするのであれば母数の規模はどれくらいに設定するのかなど、まだ手つかずの状況です。

6-4　レジリエンス性能が自律的に改善される社会を目指して

　このようなリスク情報を収集することで、どのような対策をしているかで保険料率が変わるような、自動車保険でいうリスク細分型の地震保険が可能になります。もちろん現時点でも、ビルオーナーが相応の情報を提供可能な場合は、オーダーメイドの地震保険を作ることも可能ですが、オーダーメイドの手間は建物の大小であまり違いませんから、中小規模の建物を保険会社は相手にしません。対策別に統計的なリスク判断ができれば、一覧表から対策を選ぶ感覚で保険料率の算定ができるようになります。自動車保険でも、事故を起こすたびに保険料率は上がっていきますし、運転免許がゴールド免許になれば料率も下がります。また、事故を起こしたときに損害は関係者と保険会社が全面的に負っています。このような社会システムがあるからこそ、安全に運転しよう、事故を起こさないようにしよう、事故を起こしにくい車に乗ろうという動機が働きます。

　日本は地震や火山の活動期に入ったと言われています。また、異常気象による水害なども増えてきています。このような自然災害をどのように克服し、レジリエントな社会を築いていくか、世界的な課題となっています。良くも悪くも自然災害が多い日本は、建築物における対策の実験場としては極めて優秀です。どうせ避けられない自然現象であれば、しっかりと対策し、データを集め、より効率的な対策を世界に示し、貢献すべきです。そのことが取りも直さずグローバルなリスクヘッジを可能にしますし、自律的に対策が実施される社会を実現させることにもなるのです。

参考文献

1）東京都：耐震ポータルサイト，http://www.taishin.metro.tokyo.jp/tokyo/seismic_index.html，2018.6
2）（財）日本建築センター：建設設備耐震設計・施行指針 2014年版

コラム　　　　　　c　o　l　u　m　n

自動運転による
リスク低減と自動車保険

プレジデント社が発行するビジネス誌『PRESIDENT』で、「アメリカ、イギリス、ドイツなどでは「テレマティクス保険」と呼ばれる自動車保険が導入されている」という記事が掲載されました[1]。テレマティクス保険とは、自動車にさまざまなセンサーを搭載することで、ドライバーの腕前や走行距離を計測し、それに合わせて保険料が決定される保険のことです。別名「IoTを利用した自動車保険」と呼ばれています。

この仕組みにはドライバーと損害保険会社の双方に大きなメリットがあります。ドライバーは、「事故を起こしづらい」と認められた場合、月々に損害保険会社に支払う保険料が大きく割り引かれます。損害保険会社は、データから事故率の低いドライバーを明らかにすることで、彼らを優良顧客として囲い込みが行えます。アメリカの電気自動車メーカーのテスラは、自社で収集したデータを利用して、テスラ車専用の自動車保険を発売しています。

この「自動車の運転情報を収集して、事故率の低い自動車は保険料を安くする仕組み」は、建築物の地震保険にも取り入れることができるのではないでしょうか。近年、建築物に加速度計（ヘルスモニタリング装置）を設置し、建築物の微振動（固有周期）を計測する実験が行われています。このモニタリング装置から得られた振動は、建築物の耐震性能や地震後のダメージを計測することに応用されています。ヘルスモニタリングは設備にも応用可能だと考えられています。ヘルスモニタリング装置を設置することで建築物の耐震性能を評価し、耐震性能が高いと判定された建築物は、月々の地震保険料を割り引くという仕組みもきっと可能性になるでしょう。

1) 山下丈：保険業界を激変させる「IoT保険」とは何か，PREDISENT，2017年2月13日号，pp.14-15，プレジデント，2017

編著者紹介・執筆担当章

高口洋人 (たかぐちひろと)
はじめに、第1章、第4章、第6章

早稲田大学創造理工学部建築学科教授。九州大学特任准教授、ブリュッセル自由大学客員研究員、チュラロンコン大学客員研究員などを歴任。建築と都市の省エネルギーやレジリエンスに関する技術、政策が専門。主な著書に『地方都市再生の戦略』(共著、学芸出版社)、『都市環境学』(共著、森北出版)、『ZED Book』(共訳、鹿島出版会)、『エコまち塾』(共著、同)、『Sustainable Houses and Living in the Hot-Humid Climates of Asia』(共著・編、Springer)など多数。エネマネハウス2015最優秀賞受賞チーム代表。

山田一輝 (やまだかずてる)
第2章

損害保険ジャパン日本興亜株式会社企業商品業務部特命課長。2002年早稲田大学政治経済学部政治学科卒業。同年、安田火災海上保険株式会社(現・損害保険ジャパン日本興亜株式会社)入社。2016年より現職。企業向け火災保険・地震保険の商品開発、保険設計に取り組む。2017年損害保険業界で初めて、郵便番号によるリスク細分型の企業向け地震保険の発売を実現。

前田拓生 (まえだたくお)
第3章

高崎商科大学商学部教授、早稲田大学理工学研究所招聘研究員。和歌山大学経済学部卒業後、総合証券会社に入社、海外市場統括エコノミストなどを務める。2016年4月より現職。専門は金融論、ファイナンス論、地域政策デザイン。2017年2月より高崎商科大学コミュニティ・パートナーシップ・センター(現・地域連携センター)・センター長。主な著書に『成熟経済下における日本金融のあり方』(大学教育出版)、『ソーシャルキャピタル論の探究』(共著、日本経済評論社)など。

筒井隆博 (つついたかひろ)
第4章

2016年早稲田大学大学院創造理工学研究科建築学専攻卒業。建築物の地震リスク評価・レジリエンス評価の研究に取り組む。現在、三井物産株式会社に勤務。

井上高秋 (いのうえたかあき)
第5章

国土交通省官庁営繕部技官。1992年、北海道大学大学院工学研究科建築工学修士課程修了。建設省入省。北陸地方整備局、(一財)建築保全センター(出向)、中部地方整備局等にて官庁施設の整備、保全関係業務に携わる。

寺本英治 (てらもとえいじ)
第5章

(一財)建築保全センター理事、保全技術研究所長、(一社)buildingSMART Japan 理事、東京工業大学大学院非常勤講師、BIM ライブラリーコンソーシアム事務局長、次世代公共建築研究会 IFC/BIM 部会事務局。1975 年建設省入省、最高裁判所、JICA (フィリピン)、国土交通省官庁営繕部建築課長(兼)総理大臣官邸建設室長、整備課長、大臣官房審議官を歴任。2006 年より(財)建築保全センター勤務。

東京安全研究所・
都市の安全と環境シリーズ4

災害に強い
建築物
レジリエンス力で評価する

本書籍の一部は、セコム科学技術振興財団の助成の成果に基づくものです。ここに記して感謝の意を表します。

2018年10月15日　初版第1刷発行

編著者	高口洋人
デザイン	坂野公一 (welle design)
発行者	大野高裕
発行所	早稲田大学出版部
	〒169-0051 東京都新宿区西早稲田1-9-12
	TEL 03-3203-1551
	http://www.waseda-up.co.jp
印刷製本	シナノ印刷株式会社

© Hiroto Takaguchi 2018 Printed in Japan
ISBN978-4-657-18013-1

「都市の安全と環境シリーズ」ラインアップ

◉第1巻
東京新創造
──災害に強く環境にやさしい都市（尾島俊雄 編）

◉第2巻
臨海産業施設のリスク
──地震・津波・液状化・油の海上流出（濱田政則 著）

◉第3巻
超高層建築と地下街の安全
──人と街を守る最新技術（尾島俊雄 編）

◉第4巻
災害に強い建築物
──レジリエンス力で評価する（高口洋人 編）

◉第5巻
絶対倒れない建築物を造る
（秋山充良 編）

◉第6巻
木造防災都市
（長谷見雄二 編）

◉第7巻
首都直下地震の経済損失
（福島淑彦編）

◉第8巻
都市臨海地域の強靭化
（濱田政則 編）

◉第9巻
仮設住宅論
（伊藤 滋 編）

◉第10巻
過密木造市街地論
（伊藤 滋 編）

各巻定価＝本体1500円＋税

早稲田大学出版部